Gleam Book

資源はどこへ行くのか

資源のもつ根本問題

西川 有司

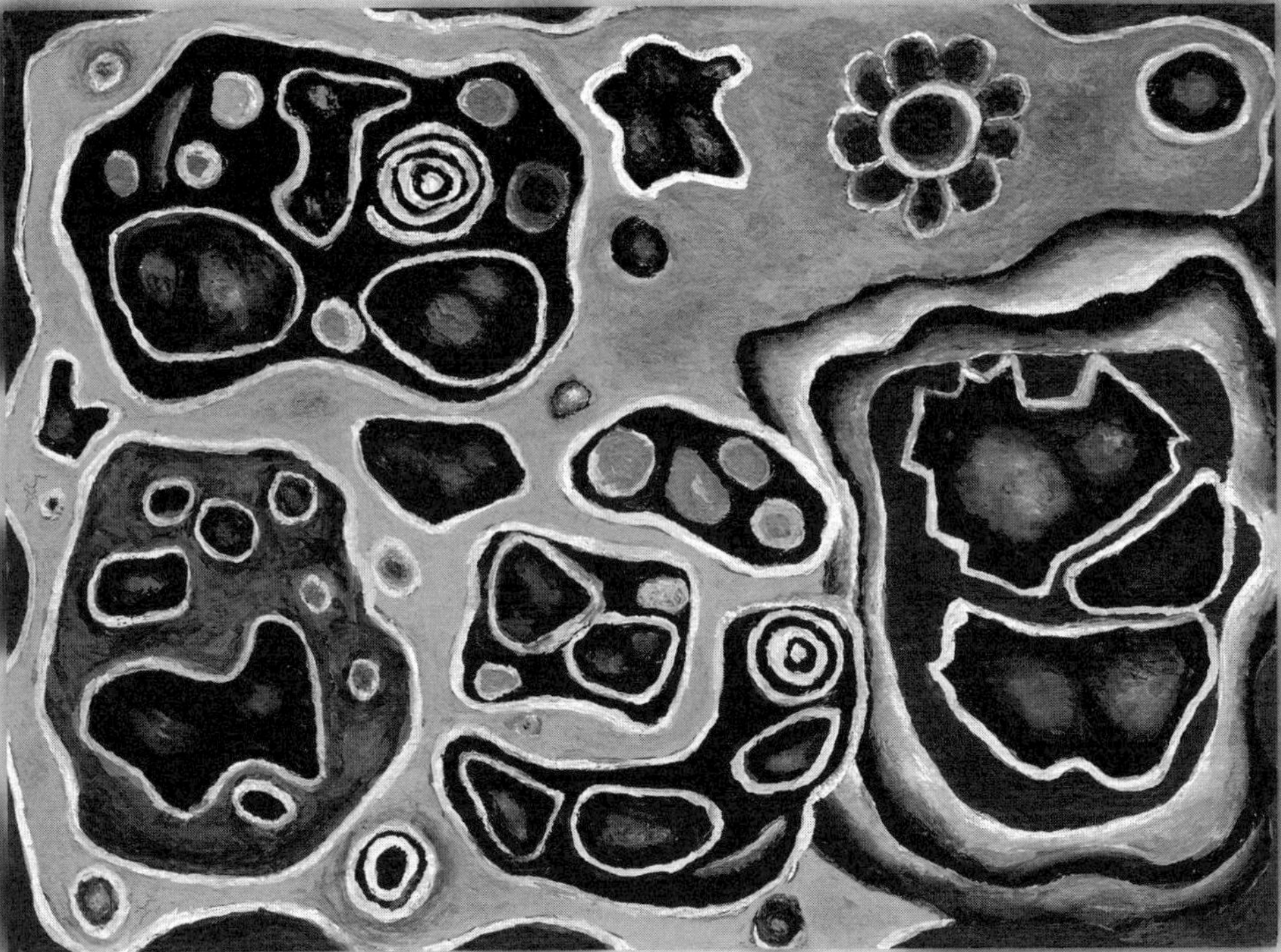

株式会社 朝陽会

表紙のことば（著者）

本来地球の活動の結果つくられた資源は誰のものでもない。しかし人口の爆発的増大と近代化によって利用され、埋もれていた様々な資源が人間生活に不可欠のものとなった。そのため資源を確保しようという競争が世界中で繰り広げられている。欧米、中国がその活動の先頭に立っている。

そんな状況を単純化し、記号化して表した。資源の確保、争奪、環境汚染を象徴的に描いた。海底資源も手付かずでいまだに海底に眠る（左下の青色）。確保された資源は左上に、大半のエネルギーの使用による温暖化の塊が右に、海とその間に国や企業単位の争奪状況が描かれる。新しい資源や利用への希望が赤い太陽のように輝く。

金や銅などの金属資源が立体で、石油やガス資源が不規則の平面で、非金属やダイヤモンドは渦巻き状の形で表している。これからの争奪対象の資源は散在して描いた。

表紙の絵を通し、本の内容を感じとっていただければ、と思います。

はじめに

まだ見つかっていない資源もあるが、資源には限りがある。その限界が見えていないものの、限界に向かいながら、自国の資源を確保するため、奪い合っている。簡単に大量に資源を手に入れようと、資源メジャーは世界中で資源獲得を展開している。資源確保は資源争奪につながり、時に戦争を引き起こす。

資源は〝お金のなる木〟である。しかし、「お金と技術」がなければ資源は得られない。お金と技術を持つ企業が「お金と技術を持たない国」の資源を掘り出しもうけている。

日本はかつて資源国であった。更なる資源確保を目指して戦争を仕掛けていった。しかし資源を手に入れることができず、敗戦を引きずりもう80年になろうとしている。韓国人から戦争時代の徴用工問題を突き付けられ、北方4島の返還も見通すことができない。すでに技術を失い、技術者もいなくなりつつある。そのためか海底資源の開発に力を入れているが成功は見えてこない。海底資源は将来の〝希望〟であるものの、開発を急がず、地道に研究開発を進めていくべきだろう。

資源生産・利用と環境問題は表と裏の関係にある。欧米がアフリカやアジアを植民地化し、やりっぱなしにして去った鉱山も少なくない。環境汚染など問題を置き去りにしている。また石油など化石燃料の利用による炭酸ガス排出によって地球環境を悪化させてきた。温暖化問題は年々深刻な事態に向かっている。便利さ手軽さで大量に化石燃料を使う限り、地球の終わりも現実になっていくだろう。地球の営みの中で大自然の炭素循環システムを人類が壊しつつある。すべての国が、すべての人が、この直面している問題の解決に向き合わない限り、人類の危機を回避できなくなるだろう。炭酸ガスの排出規制、炭酸ガスの貯蔵・固定化は喫緊の課題だ。さらに放射能汚染は大問題だ。どのように解決していくのか、全く分からない。人間の持つ解決能力を超えている。

一方で電気の貯蔵技術、水素の生産技術開発はエネルギーの利用を根本から変える。クリーンで安全な水素が大量に利用できれば、社会生活がガラッと変わるだろう。しかし、まだ開発は途上だ。無線での電送も開発が進んでいるが、ワイヤレスの実用化はまだ小規模であり、宇宙の太陽光発電も宇宙規模でのワイヤレス電送も将来の課題だ。

資源は身近な存在だが、〝他人事〟として見る人が多い。資源は戦争にも環境にもエネルギーにも密接に関係し、良くも悪くもする。私たちの生活を変え、社会も大きく変化させる。資源は様々に利用されているが、自動車も家電も家も石油や天然ガスや金属を利用し、動かし、機能的で便利な生活を提供している。

本書『資源はどこへ行くのか』はグリームブックス『資源は誰のものか』の続編である。『資源は誰のものか』で、資源の持つ根本問題を各国の事情から浮き彫りにした。

本書ではそんな資源が「どこに向かうのか、どこに行くのか」、現在の資源問題を踏まえ、行き先の途上にある姿を描いた。資源確保、資源争奪、エネルギー、環境の４つの視点から資源の行方を探っている。

本書は㈱朝陽会発行『時の法令』の連載「資源と法」２０１２年から２０１８年までの14編に加筆・修正したものである。主として２０１３年６月から２０１５年７月までの記事であるが内容については十分〝今〟を伝えている。

本書を通し「資源はどこに行くのか」、誰も行き先がわからない資源への理解が深まり、「私たちの問題」として議論が深まっていくことを願う。

西川有司

２０１９年４月

目　次

第1章　資源確保の行方

1　〝見えないところ〟にある資源をめざせ

〔発想の転換〕　２０１２年10月、「時価総額１３００億円の金量30トンの新鉱床を見つけた」と新聞発表された（日経新聞）。日本で唯一稼働中の鉱山といえる菱刈《ひしかり》金山である。毎年７・５トンの金を生産している。江戸時代からの産金地帯、鹿児島県伊佐市にある。１９８５年に生産が開始され、すでに２０１８年３月時点で２３６・２トンを超える金が産出された。現在の価格で９０００億円ぐらいに相当する。１トン当たり40グラムの金が含まれ、ふつうの金鉱山の８倍も品位が高く、世界のなかでも一番高品位だ。新鉱床を含めて１８０トンの金が埋蔵され、今でも周囲の探査活動が展開されている。

１９７０年代、高度成長期が終わった後、住友金属鉱山が持つ鉱区周辺に国が広域調査を実施した。目ぼしい成果が得られず「今後どうするか」について、民間企業の技術者・役人・学者からなる検討委員会が開催された。「地表の浅いところに分布する新生代の地層に金鉱脈が存在する。しかし、なかなか見つからない」という意見が大勢を占めるなかで「新生代の地層を貫き、中生代の地層に達するように掘削深度を延長させよう。中生代の地層のなかにも金鉱脈があり得る」と新たな視点が提案された。既成概念からの脱却、そして発想の転換である。1981年、起死回生の最後のボーリングで金鉱脈が発見された。菱刈金山である。日本はこのころ、資源は枯渇したとして鉱業が衰退し始め、加工産業が経済の土台を担っていた。住友金属鉱山は、ボーナスも現物で〝銅の地金〟を支給するという状況だったが、菱刈鉱山から生み出される金で経営を一変させ、米国の銅鉱山への投資をも可能にした。

この発見を契機に日本中に「金ブーム」が起き、鉱区の争奪が激しくなった。欧米の企業も数社押しかけ、「中生代の地層に濃集した金鉱脈を探そう」と探査活動が活発になった。菱刈地域周辺で島津家が持つ探査鉱区を1年間借りて、金鉱脈を探す数本のボーリングをするだけでも鉱区使用料を1億円払う。こんな試掘の鉱区を持つだけでお金が転がり込むような状況だった。山師も鉱区の売買でひともうけしようと、暗躍していた。鉱業の衰退を吹き飛ばすような活気に満ちた時代であった。しかし、菱刈金山発見からの「金ブーム」は1990年には遠ざかり再び鉱山不況の時代になった。

〈先願権と山師〉 ブラジルは、もう数十年前から資源探査活動が活発な国である。外資に依存しなくても自力で資源開発ができる。今では企業の組織立った探査が主体だが、自分で探査し、規模は小さくとも自力で開発し、鉱山を経営する本来の山師も少なくない。しかし詐欺師まがいの者も多い。

1980年代の後半から、原子量の重いレアアースを探しにブラジルにたびたび行った。ジスプロシウムやイットリウムという重いレアアース元素を高含有するゼノタイムという鉱物からなる資源である。当時、採鉱技術者出身の資源部長も「おれも行くよ」と後から来て、サンパウロで合流した。日本の商社の事務所から「レアアースの鉱区の所有者と会いませんか」と声がかかり、鉱区の持ち主と会議をした。持ち主が鉱区の概要を説明し、分析値と鉱区関係の書類のコピーが渡された。「20万ドル（2000万円）の探鉱費を支払えば、権益を渡します」と持ちかけてきた。部長は、「これは中国に依存しない原料ソースになるぞ。ゼノタイムが濃集しているようだ」と、帰国を延期しても「契約を締結させたい」意向が読み取れた。20万ドル自体は探査費としては少額である。

「この鉱区は認可になっていないと思います。これは鉱区取得手続の申請書です。確実に認可された鉱区を保有しているかどうか、確認が必要です」というと「なんでそんなことがわかる。申請していれば先願権が確定しているだろう」「いや、そうとはかぎりません。もうすでに探査権の所有者がいるかもしれません。申請日も半年以上前です。古すぎます。また資源の存在を確認できるデータもありません」と、部長をやっとのことで説得し「確認してから、契約の話を進めるか判断しましょう。ゴイアニア市にある管轄の鉱区管理事務所に行き確認します。明日結果を連絡します」と、サンパウロから北に1000キロメートル、飛行機で2時間のゴイアニアに向かった。結果は予想どおり申請のみで、すでに半年前に探査権が付与された企業の存在が確認できた。これは詐欺師といわれるたぐいの山師であり、専門家でなければだまされてしまう。

日本では鉱区取得の申請をすれば先願権取得の確率は高いが、海外では申請だけでは先願権取得は確認できないことも多い。先願権とは、「早いもの勝ち」を原則とし、先に申請した者が、先に申請書の審査を受ける。審査に問題がなければ、探査権（試掘権）が認可される。もし、問題があり却下されれば、二番目の申請者の書類が審査される。この申請から認可までの期間は、一番目の申請であれば、「先願権がある」という言い方をする。日本では申請書は第一種引受時刻証明で管轄の通産局に郵送する。申請後、先願者がいるかどうかは、調べられる。

1980年代の金ブームの頃は、産金地帯のある鉱区が期日満了となる日の翌日、真夜中の0時に郵便局から申請書を送付して先願権を得ようとしていた時代であった。日本のように郵便制度がしっかりしていればこのような管理ができるが、多くの国では、申請書を管轄の鉱区管理事務所に提出し、先に提出した申請者が先願権を持つが、その管理状況が必ずしも明瞭とはなっていない。鉱区が認可されるまで数年かかる場合もある。先願権が確定していれば、それは申請者の権利であり、財産としての権利も有し、売買の対象になる。詐欺師のような山師はいかにも鉱区を所有しているようなそぶりで、あるいは「先願権を持っている」といいながら金をだまし取ろうと企てる。

今は「山師」というと良いイメージを持つ人は少ない。辞典（広辞苑第六版）には「山の立木の売買、鉱山の採掘事業を経営する人、山主、山元、山事をする人。投機などをする人。また、他人をあざむいて利得をはかる人。山こかし。詐欺師」とある。今では詐欺師という意味が一般的になっている。

しかし、江戸時代、日本が鉱業国であった時代には、山師は鉱山での探査・採掘の技術者であり、鉱山経営者とされていた。専門的知識や経験を有し、優れた鉱山経営者であった。これが本来の山師である。まさに「山」の「師」であり、読んで字のごとくである。日本の鉱業のいわば土台をつくった人である。江戸時代から明治時代になり、近代化が促進され、探査技術も西洋から導入された。それまでの山師の探査と採掘と経営を兼ねた総合職が、それぞれ分離し、探査が専門職として成立していった。

当然、いくら近代探査技術が入ってきても予測できない自然現象に対し、可能な限り情報やデータを集め、蓄積した知識と経験をフル動員して資源の存在場所を予測したとしても、外れることが多い。したがって、このような「的が外れる」ことが重なりながら、探査者を「山師だ」と呼び、さらに「金鉱床があるよ、投資してもらえば、投資額の数倍は金が得られるよ」といいながら金を集め、結局ボーリングをしたら、何もなかったということが重なって、詐欺師を山師と呼ぶようになったのだろう。

〈国際資源メジャーの鉱区取得〉　世界の資源産業を牛耳る多国籍企業の国際資源企業を資源メジャーといい、世界中で探査開発し大型鉱山をたくさん経営している。

インドネシアでは、新鉱業法が２００９年１月に公布され、国内資本の51％への引き上げ、国内での高付加価値化に関連した鉱石輸出規制など、資源ナショナリズムが色濃く表れている。２０１２年２月に施行され、鉱石輸出規制が開始された。また、鉱山生産開始後の外資規制が80％から49％に変更された。インドネシアは石油・銅・錫《すず》などの資源が豊富な国である。資源を自国の経済に生かすため、資源を利用して加工産業を促進させて自立していこうという政策を鉱業法に反映させた。インドネシアの経済が強くなってきたことを示している。

今から50年以上前、オランダの植民地から脱するために、当時のスカルノ大統領が反植民地主義、民族主義を掲げ、社会主義化を目指そうとした時代に、今回と同様の政策を実施した。スカルノは、植民地時代の欧米諸国を中心とした外資の利権を排除していこうと、巨額の利益が生み出される石油を国有化し、また豊富な鉱物資源を自国のために利用し、製錬加工へと発展させ、工業化を促進する方向を打ち出した。シェルなどの国際石油メジャーが保有していた資源権益は、はく奪された。資源メジャーや外資は、この政策の１８０度の転換で、１９６５年にインドネシアから撤退した。

スカルノの政策を潰そうと、１９６５年にスハルト一派による「9月30日事件」が起こった。政権転覆を企てた軍事クーデターである。未遂となったが、スカルノの権力は失墜し、１９６６年3月、スハルトに大統領権限を委譲した。米国が陰でキッシンジャーやＣＩＡを使って工作し、軍事クーデターを起こさせ、親米政権を樹立させたのでは、という話である。

スハルトに政権が変わった途端、１９６７年に米国の主導でインドネシアの利権の分配がなされ、米国は石油鉱区や銅などの有望鉱区を手に入れた。政権をコントロール下に置き、かつ民主主義の仮面をかぶせて資源を牛耳る植民地化である。スカルノの資源ナショナリズムは、あえなく消えてしまった。欧米企業による資源の収奪は再開し、米国の資源メジャーのフリーポートが、ニューギニア島パラ州のグラスバーグ金銅鉱山の利権を手に入れた。役員にキッシンジャーも名を連ねていた。当時、インドネシア政府には僅か９・36％の利権が分配されたにすぎない。今でも世界一のグラスバーグ金銅鉱山は、２０１８年にようやく所有権の過半数（51％）が国営インドネシア・アサハン・アルミニウム（イナルム）に譲渡された。

米国が資源国を親米政権にしながら、資源メジャーは鉱区申請など関係なく、有望な鉱区を手に入れる。親米政権でなくとも巨額の賄賂で鉱業法に関係なく鉱区を取得する。資源メジャーの進出後、探査専門の欧米企業ジュニアが続々と鉱区申請し、探査活動を展開する。ジュニアが探査成果を得て開発の見通しを得れば、資源メジャーが鉱区を買い上げ、採掘権を取得する。

〈「見えるところ」「浅いところ」の資源が対象〉

資源メジャーが参入し、ジュニアが鉱区を取得すれば、「もういい鉱区はないかもしれない」と思う人が多いかもしれない。しかし、ジュニアが探査をしてもそう簡単には開発には至らない。見込みがないとわかれば鉱区を売るか、権利を放棄したりする。期限が来て失効となれば、別のジュニアや国内資本の企業などが申請して取得する。資源国の鉱区管理事務所で鉱区図を閲覧すると、認可された鉱区、申請中の鉱区ばかりでほとんど空白地域がない。

しかし、資源国であれば国が実施した調査のデータを、また株式市場に上場しているジュニアであれば公開された探査データを取得できる。これらを集めて手がかりにし、地表に全く資源の存在の兆候のない場所からも、新たな発想や視点で資源を発見することも可能だ。

有史以来、人類は地表の「見えるところ」「浅いところ」に存在する資源を掘ってきた。資源メジャーも「見えるところ」にある大きな資源しか相手にしていない。メジャーは、簡単に採掘でき金のもうかる資源を、欧米政権の後ろ盾を得ながら制圧してきた。力ずくで資源から膨大な利益を得てきている。多くのジュニアもいわば資源メジャーの先兵で、メジャーの探査リスクを受け持ち、良い資源が見つかれば、メジャーが開発をする、という欧米型資源開発のシステムの一員として活動している。現在は、そのシステムに中国やロシアが割り込んできている、という構図である。

「見えないところ」「深いところ」にある資源については、欧米企業といえどもまだ十分な知識や経験を持っていない。カナダ企業のアイバンホー（資源メジャーのリオチントの子会社）は、コンゴで700～1200メートルの深さで高品位銅鉱床を見つけ開発を進めていた。生産の開始が間近になり、中国企業に売ったが、地表に兆候がない、「見えないところ」の資源だった。

自力で見つけ出そうという戦略を持てば、海外ばかりでなく、まだまだチャンスは日本のなかにもある。菱刈鉱山を見つけ出したときのように、「資源の存在するところ」を新しい見方で探っていくことが必要になる。

２　資源メジャーの支配力

〈成功のカギを握る「鉱区の設定」〉　日本の鉱業法では、取得できる１つの試掘鉱区（探査鉱区）の最大の面積は３５０ヘクタールである。東京ドームの75個分であるが、探査鉱区として十分な広さではない。しかし、同一名義の法人なり個人の鉱区所有の数は無制限である。見込みがあれば隣接地域を申請し、取得するが、所有鉱区が増えれば、鉱区申請・維持などで費用はかかる。資金力がなければ鉱区の所有もおのずから制限される。

鉱区の設定範囲は、地質構造や鉱化作用の地表の兆候、資源衛星からの写真や歴史時代の採掘跡などの情報・データから探査技師が定めるが、これは、今後の資源探査の方法や費用、さらに展開していくスケジュールにかかわり、とても重要で、成功のカギを握るものである。

ロンドン郊外で地質調査のコンサルタントを営むステファン・スティーブは「１９９０年代に旧ソ連の国々では、ポテンシャルや開発可能性の見込めるような探査途上の鉱区が政府のオークションで開放された。でも、地表に露出していない有望鉱床の位置が図面上で１〜３キロメートル平行移動させてある場合があるんだ。有望鉱床が含まれる鉱区を、すでに存在する鉱床の確認のためボーリングを実施したが鉱床は見つからなかった」「それでどうしたのだ。あきらめたのか」「いや、隣の鉱区に対象の鉱床があったよ。周囲の地質調査を行ったら図面上でその位置を移動させていたことが判明した。ソ連の崩壊時、有望鉱床が西側企業にすぐ開発されないよう、わざと図面を工作したのだと思うよ」「たぶん、自国の力で開発したい、という発見者の願望の表れではないか」

こんなやり取りの後、コーカサス、中央アジア、モンゴルで同様の話を何度か聞いた。政府機関が作成した鉱区図に描かれる鉱床の位置が正しいかどうか、広範な地質調査を鉱区取得前に行えば、このような巧妙な仕掛けは見破れるだろう。また、探査権の対象となる鉱区の面積を広くとれば、このような問題に対して有効ではあるが、鉱業法における各国の鉱区面積の規定はさまざまである。

ブラジルでは金属鉱物であれば最大20平方キロメートルの鉱区を取得できる。ラオスでは500平方キロメートルと広い。さらにミャンマーでは1桁大きく4200平方キロメートルである。また、ペルーでは四辺形で管理され、最大100平方キロメートルと規定される。アフリカのマラウィは最大2500平方キロメートル、モンゴルでは4000平方キロメートルである。ちなみに山の手線内側の面積が65平方キロメートルぐらいで6500ヘクタールに相当し、東京都は2188平方キロメートルである。

調査・探査が進んでいない国は広い鉱区が取得できる。しかし、どの国でも面積に応じて鉱区税を支払うため、広ければ権利者の維持費がかさむ。例えばモンゴルで最大面積を期間満了（各国相違するが、最大6年間）まで維持すれば3億円になってしまう。広い鉱区を持っても、資金力がなければ維持は難しい。探査資金も莫大となる。

〈メジャーの鉱区取得の現場、ボツワナで〉　アフリカの南部のボツワナは人口２００万人、60万平方キロメートルで日本の約１・５倍の国土を有し、１人当たりのＧＤＰは世界１１６位に位置し、アフリカではトップクラスである。年間２０７３万カラット（２０１５年）のダイヤモンドを生産し、ダイヤモンドの鉱山からその加工までの一貫体制を築いてきた資源国で「アフリカのモデル」ともいわれ、21世紀のアフリカの進むべき方向を示しているとされていた。しかし２０１５年頃から価格が低下し、ダイヤモンド企業デビアスのシンジケートが崩れ、生産量も減少している。ボツワナはＧＤＰの30％と税収の50％は資源から得るほどの鉱業国だ。政府とデビアスが50％ずつのシェアーを持つ鉱山会社「デブスワーナ」がボツワナ経済の大黒柱になっているが、ダイヤモンドに加え銅などの金属資源を経済の柱にしていかなければならないだろう。

デビアスを子会社に持つアングロ・アメリカンは世界のベスト5に入る資源メジャーである。銅も世界戦略の探査開発ターゲットとしている。アパルトヘイト撤廃（１９９1年）の翌年、ちょうどマンデラが開放されて間もないころだが、私は、ヨハネスブルグのアングロ・アメリカンの本社で、「カラハリ・カッパーベルト」という鉱床地帯での探査の説明を受け、６人乗り自家用ジェットでボツワナの第二の都市マウンに飛んだ。カラハリ砂漠は海抜１０００メートルの褐色の高原でまばらにとげの多いブッシュが生える。土でできた円柱状の壁に藁《わら》の屋根がかぶさった家が点在する。

探査キャンプは木立の間にテントが設営され、食堂・事務所はプレハブでモバイル仕立てだ。キャンプのリーダー、デーヴィト・ウエインは40代後半の探査技師で豪州のパースに家を持つ。「バーでスコッチを飲もう」と、キャンプの一角にある簡素だがカウンターと各種酒がそろった木造りの落ち着いたバーに案内された。「屋根は夜空だよ。ここで一杯飲み、星を眺めていると気分転換になるよ」とゆっくりと飲み始めた。「鉱区の長さは350キロメートルで、幅は数十~100キロメートルと広く、3年計画の探査を進めている。キャンプを半年ごとに移動させるよ。今キャンプに50人いる」。カッパーベルト（アフリカに特徴的な堆積性の銅の鉱化帯）が予想される新地域で、フロンティアだ。日本企業ではとても考えられないような驚くほどの広さを探査している。ダイナミックだ。「3週間に1回休暇で近隣の都市に行けるよ。3か月に1回はパースに帰ることもでき、ワイフはここで経理の仕事をしている。条件のいい現場だよ」と満足げだ。1年間我慢して人里離れたところで探査に専念する日本企業から見れば、たいへん贅沢《ぜいたく》な環境だ。

キャンプから車で1時間、かん木が生えたカラハリの半砂漠を走り探査現場に到着すると「カッパーベルトの中の高品位で層がドーム状にゆるく湾曲するところを狙っている」といいながら、銅の鉱物がところどころに濃集している深さ2メートル長さ50メートルほどに掘られたトレンチ（側溝のような溝）に案内された。「鉱石が地表に見られないから、トレンチの壁を観察すれば、ボーリングを行う場所の選定の有力データが得られるね」「そうなんだ、すでにボーリングを開始しているよ。これからが楽しみだ」

世界最大の内陸湿原、２万５０００平方キロメートルのオカバンゴ・デルタの南縁に沿いながら、何もデータがないところから始めた探査であり、南部アフリカの地質構造から予想される鉱床帯を見つけ出そうという壮大なチャレンジである。鉱区の維持だけでも10億円はかかるだろうし、探査費、キャンプの維持費など資金力がなければ、このような探査はできない。

その後２０１２年に、このベルトで豪州企業により、ボセト鉱山の生産が開始された。２０１４年にカナダ企業はパンツィ鉱山の生産を開始した。先駆者のアングロ・アメリカンは、発見した鉱床が自社のサイズにミートしなかったためか、プロジェクトを売却したのだろう。しかし、新たな探査地域を見いだし、ボツワナ北西部の探査の基盤をつくりだした。

〈キルギスの国土半分を取得したメジャー〉　資源メジャーの探査は、このように桁外れである。探査フロンティアを積極的に切り開く。ソ連が崩壊し、独立国として歩み始めたキルギスでは、ソ連時代に生産していた鉱山が、市場経済について行けず設備も旧式で休山していった。地質鉱物資源委員会（省と同格）が数千人の探査技師を抱えていたが、予算がなく、探査も休業を余儀なくされていた。

まだ独立国としての政府の構造改革が始まったばかりで、法規則がつくられ、民営化を進めようとしていた1990年代の中頃、地球物理学研究所のアイテマトフ所長（ソ連時代、地球物理の著名な学者だった）を研究所に訪ねると、パンの焼ける香ばしい匂いがあふれている。「予算がなく研究は中断だよ。自活しなければならない。パン屋を始めたぞ。うまいぞ、食べないか」研究所の維持すら困難なときなのに、明るい声だ。政府機関はその頃どこもサバイバルに苦戦をしていた。

そんな時期に鉱区の登録状況を地質鉱物資源委員会に聞きに行ったが、資源メジャーのカナダ企業テックが、キルギスの国土の半分、10万平方キロメートルの探査権を所有していたことがわかった。首相も認めており、非合法ではない。

この地質委員会に事務所を置き、休業状態のキルギスの探査技師、コンピュータ技師、通訳を雇い、「広大な鉱区面積だが、ソ連時代に築かれた地質構造を組み立て直し、新しい地質図をつくり始めた。プレートテクトニクスの考え方が、ソ連時代につくられた地質図には反映されていない。現地調査は、ソ連時代に発見されている鉱床や鉱化作用の認められている地域を中心に行っていく。見込みのない地域は、削って減区していく。鉱区面積もどんどん小さくして、有望地域を維持しながら物理探査やボーリングを行っていくつもりだ」と、カナダからの探査技師は、鉱区への戦略を語ってくれた。このような見直しを行えば、ソ連崩壊時の鉱床の位置が1～3キロメートルも意図的に図面上で移動されていることも、問題にはならないだろう。「キルギスの地質鉱床を欧米の知識で翻訳していけば、新知見が得られるかもしれない。ソ連時代の評価にもつながり、将来の中央アジアへの進出の方向も定められる。資金はかかるが得られるものは大きい」。当時西側にとって〝ソ連〟はフロンティアであり、テックが目指す資源があるかどうかを判断するために、広い鉱区を取得したようだ。キルギス側にとっても鉱区料が入り探査技師の雇用になり、また西側の技術やデータを入手でき、双方に利するところがあったのだろう。

しかし、２０００年以降、テックはキルギスから撤退した。この時点では鉱区への評価が、進出するための魅力に乏しかったためだろう。

〈鉱区の取得は資金力がものをいう〉

資源メジャーは、アングロ・アメリカンにしろテックにしろ、可能な限り広い鉱区面積を手に入れ、資金力にものをいわせ、資源が「どんなところに、どのように」存在しているのか地域全体をまず調査していくようだ。鉱業法に鉱区の取得可能な面積が規定されているが、ときに政権に働きかけ、交渉して意図する〝広さ〟と〝場所〟を確保する。むろんその前に十分に事前調査を行いターゲットを定める。戦略的に資源の確保を進めていく。しかし、十分な資金が長期的に供給されないと、大局観を持った探査開発は実現しない。コストのかからない大量生産が可能な資源開発が資源メジャーの方針であり、そうした鉱山からの利益が広大な鉱区の探査や評価に充当されている。日本企業は局部や細部だけが対象で、「金を出すが、探査はパートナーまかせ」で経験も積めず、「未知な地域」には手も足も出ない。

今、地球全体のなかでどこにフロンティアになる「鉱床地帯」があるのかと眺めると、中東・アフリカ北部にかけての砂漠地帯か、シベリア北東・極東地域か、アマゾンの奥地、チベット地域ぐらいしか残っていない。シベリアはロシアが探査を促進させ、チベットは中国の縄張りである。中東・アフリカ北部はオイルの資源メジャーによって探査開発が進み、いずれ砂漠に隠されている金属資源もターゲットにされていくに違いない。しかし、これらの地域はインフラが不足し、アクセスも容易ではない。資金力が要求される。株式市場から数十億円の資金調達をして探査活動を行うジュニアの探査対象にはまだまだならない。

〈メジャーの手法にも変化が…〉

21世紀に入り、資源探査フロンティアがなくなってきたせいか、自ら広大な鉱区を取得していこうという資源メジャーの動きはなくなってきている。ジュニアに探査を任せ、いい結果がでれば買収していく、という方法をとっているようだ。中国も資源メジャーの手法を習い、ボツワナの「カッパーベルト」で鉱山を買収しようとしている。

しかし、資源メジャーは過去の蓄積した探査データを保有し、ジュニアの探査結果を評価できる力を持つ。「金に糸目をつけず」の資金力で、資源開発の先頭を走り、資源産業を支配してきている資源メジャーには、中国も、むろん日本もかなわない。日本はメジャーの権益の一部を取得しているだけだ。しかし中国は、アフリカの資源を手に入れるためインフラなどの支援をアフリカの国々に行っている。活動域を広げており、2018年にはセルビアのボール国営鉱山・製錬所を買収した。即戦力となる資源確保である。

３　鉱区の取得と政治

〔鉱区の取得〕　鉱業権は、国からの付与あるいはリースで取得する権利で、探査権（日本では試掘権という）と採掘権（開発権ともいう）に区分される。探査権は鉱石を探す権利、採掘権は鉱石を掘り出す権利である。両権利には期限がついている。このほか、国によっては、探査権を取得するために、申請対象の鉱区の選定のために広域を調査するプロスペクティング権、探査ののち開発の可否を判断するための採算性を評価するフィジビリティスタディ権（採算性評価権）がある。

鉱業権は、①政府機関への鉱区取得申請（以下「申請」）、②鉱区を保有している個人や法人（企業）からの譲渡（以下「売買」）、③鉱区のジョイントベンチャー（探査活動の対象となる鉱区の一部の権益を取得すること。権益の比率が決定権を左右する）で鉱業権の名義は変更せず当事者間の契約のみで行う共同事業（以下「傘」）、④オークションあるいはコンクール（一種の競売。以下「競売」）、⑤鉱区保有者からの鉱業権のリース（以下「リース」）、⑥その他、の方法で取得する。これらは各国の鉱業法で多少異なる。鉱区の取得は、鉱業権の取得であり、鉱業法に基づいて鉱業権者としての義務と責任が生じる。

鉱区の取得方法は、要するに「申請」「買収」「傘」「競売」「リース」「その他」であり、①の「申請」が一番安上がり、②「買収」、③「傘」、⑤「リース」は相手との交渉次第で、有望鉱区であれば当然高い。④「競売」は失効あるいは放棄された鉱区や民営化に伴って行われることが多く、旧ソ連圏の国では一般的で政府が競売にかける。⑥の「その他」は政府との交渉で手に入れることだ。これには政治が重要な役割を果たすことが多く、「資源外交」もここに含まれる。日本企業は、ほとんどが③の「傘」で、欧米企業が持つ鉱区にマイナーシェアの権益比で入り込む。欧米企業は「申請」か「買収」がほとんどで、100%の権利を持てるような取得活動をしている。国によっては外資の投資制限を設け、政府関連企業が必要に応じた権益を持ち、できるだけ自国の保有権益比率を高くする。

このように取得した鉱区を「探査の途中や終了時に売れるのか、どこで売れるのか」という質問を日本企業から受けるときがある。「ロンドン、トロント、バンクーバー、シドニーのような資源金融会社や株式市場があるところで可能でしょう。国際基準でのデータの用意が必要でしょう。マーケットがあるわけではないので、資源金融の専門家やブローカーに相談しなければなりません」と答えるものの、ロンドンなどの資源金融関係者と人脈を持っていなければ、簡単ではない。

責任も少なく、技術や人材がなくても、金だけあれば「傘」が容易であるため、現在の日本企業はこれが多い。ただし、「傘」対象の鉱区はリスクが多く、複数の鉱区を持つ欧米の企業にとっては優先順序が低い。そして、リスクを軽減しようと資金力を持つパートナーを探して日本企業などを誘う。欧米企業に日本企業や日本の政府機関（JOGMEC：石油天然ガス・金属鉱物資源機構）は〝金づる〟と見られているようだ。

〔地上権と鉱業権の関係〕　フィジビリティ（採算性）段階に入ると、「もう、プロジェクトは開発段階に移行できるだろう。土地の取得を始めよう」と採掘権の取得前であっても動き出す。土地の取得には1〜2年かかるからだ。もちろん、採掘権が取得できないというリスクはある。なお、地上権と鉱業権は別個であり、開発には地上権を得なければならない。

探査段階では土地を取得する必要はないが、ボーリングを行う場合は、地上から径10センチメートルの穴を地下に向けて掘るため、土地所有者の許可が必要となる。さらに、掘削を円滑にする泥水を使用するが、流れ出して畑に損害を与えれば、補償をしなければならない。露天掘りで鉱石を掘り出す場合は、土地を買収する。坑内掘りでは、鉱山の地上での生産活動にかかわる場所を買収するかリースしていく。鉱山生産活動が農地、牧場、放牧地、村落であれば、土地の買収やリースで数百人と交渉する場合もあり、ときに厳しく、こじれることも少なくない。村落を管理する自治体と酒を飲みかわし、親睦を深めることなどで鉱山開発による地域の発展などを理解してもらうことから始まる。農地であれば20年間の収穫量に見合うほどの金額の提示が必要となる。国有地や国王の土地であれば、政府の関係機関などと交渉し、契約を交わす。山奥や砂漠であれば土地取得は困難ではないが、生産となったとき、労働者の調達という問題が出る。

開発段階に入ると、土地交渉だけでなく、電線の敷設、道路工事、森林の伐採などで政府機関や地元などとの交渉事が多くなり、経験を積んだ人を雇用して配置する。日本企業は、鉱区取得はほとんどが「傘」のため、このような経験に乏しい。いつも欧米企業の後をついていくため、なかなか力がつかない。

〔鉱区と政治とのかかわり〕 資源はその国の「資産」だけに、鉱区は政治ともかかわる。鉱区は、税収や外貨獲得、地域開発などに直結しているため、国の政策や財政に影響を与える。

最近、資源がある、あるいはありそうだ、という途上国は、自分の力で探査し、開発したいという傾向になってきた。自国の技術者を育て、技術を習得しようとしている。しかし、自らの力で探査開発できるようになるには長期的国家発展計画を持って技術基盤を築いていかねばならないだろう。少なくとも10年、20年と時間がかかる。このような国は、アフリカ、アジア、南米に多く、かつて植民地であった国である。ジンバブエ、マラウイ、ザンビア、ラオス、モンゴルなどがその例にあたる。しかし、当面は欧米企業、中国企業などに技術を依存しなければならない。

鉱区は金を生み出すポテンシャルを持つため、鉱区と政治とのかかわりが、その取得のプロセスの透明度を低くすることも少なくない。

鉱区の取得プロセスがブラックボックスになっている国の一つであるモンゴルは、民主党政権により1997年に鉱業法が改正され、鉱区取得が簡素化され、透明性を持ち、欧米企業の投資が促進された。しかし、政権が人民革命党になり、リーマンショックの頃から、申請してもいつ認可になるのか不透明になってきた。そのころから、ロシア政府とモンゴル政府がロシア―モンゴル資源開発公社をつくり、期限切れとなった鉱区や維持できず放棄された鉱区を選別しながら、有望鉱区を手に入れているという。さらに首都ウランバートルから北は「環境保護」を理由に「申請」もできないようになったという。ロシア政府のモンゴルとの国境付近の資源保護が関係しているらしい。これらは前述⑥「その他」の鉱区取得であるが、公表されないため、実態はわからない。

中国はアフリカ、アジアへの資源外交のなかで、政府との交渉でインフラを供与しながら鉱区を取得しているという。しかし、実態はわからない。

鉱区は利権となる。政権にとっては「競売」にすれば大金が国庫に入る。また政権維持のための選挙の軍資金にすることも可能だろう。売買を認める国も多くなってきており、企業にとっては、鉱区の売買でひともうけができるし、生産に至れば利益を手に入れることができる。行政機関の役人にとっても「申請」者に便宜を計り「娘の留学資金を得たよ」ということもあるらしい。いわゆる賄賂として、扱い次第で小金を手にすることもできる。鉱区取得プロセスをブラックボックスにすれば、政府も行政機関も国際メジャーも金が絡み、何かと都合がいいのかもしれない。

〈鉱区の取得は正攻法で〉

鉱区の取得方法のなかで、政治が絡まない正攻法の「申請」で透明性を持とうとする国は多くなってきている。

鉱区の取得は、探査開発の出発点である。その出発点の場所の選定には、広域的な地質構造や鉱床の存在可能性を示すための現象を探し出し、金属の濃集場やメカニズムを探っていく必要がある。選定ができると、その場所に鉱区の所有者がいるかどうか、確認をする。もし取得者がいれば「買収」を行う。あるいは共同事業を持ちかけ、交渉する。しかし、「傘」での日本企業はこのようなプロセスを踏もうとしなくなった。技術を失ってきたためである。

いずれにせよ鉱区取得は、正攻法の「申請」で取得し、自力で探査開発ができるような力をつけていくことが国力につながる。このような方向に世界は向かっている。しかし、日本政府の資源外交はエネルギー資源が主体であり、まだ国力につながるようなことは行われていない。

4　海底資源と鉱区

〈メタンハイドレート調査〉「次世代資源『メタンハイドレート』調査で、日本海に埋蔵の可能性がある特有の地質構造が計225か所程度見つかったことがわかり、2014年度から試掘し、サンプル採取を目指す」と経産省が発表した（東京新聞2013年8月28日）。広域調査で3年かけて日本海のメタンハイドレートの資源量を把握するという。

愛知・三重県沖東部、南海トラフのメタンハイドレートは、新聞でも成功したかのような大きな見出しで報道され、ＴＶではその燃え上がるガスの映像が映し出された。その報道直後、ロンドン近郊のウィンブルドンに資源金融会社を持つ探査技師、グラハム・パッドレイから「メタンハイドレート噴出の記事が英国でも掲載されて、テレビでも報道されていたぞぉ。日本は金持ちだなぁ。メタンハイドレートの探査も開発もリスクが大きすぎるよ。自国に石油やガスがないからといってメタンハイドレートに手を出すことはないよ」「まだスポットの調査で賦存場所もわからないという状況だ」「メタンハイドレートは資源ではないよ。石油やガスの探査でも、褶曲《しゅうきょく》構造の特徴を持つ場所にボーリングをしてもなかなか見つけられない。今回の噴出試験もすぐにガスが出なくなると思う」と自信ありげだ。「そのとおりだ。まだ陸上の中生代の堆積岩中の砂岩に含まれる炭質物（炭化した植物の破片）を取り出したほうが燃料源として現実的かもしれない」というと「それも高くつくが、メタンハイドレートより技術的にも資源的にもリスクは少ないね」と、メタンハイドレートは探査対象の資源ではないことを強調した。

　その大成功の報道から1週間後、開発試験孔で「2週間続けてガスを取り出す予定」だったが「井戸の中に砂が混入してガスが取り出せなくなり予定を早めて終了」（朝日新聞２０１３年3月19日）の小さな記事が紙面の端で目立たないように報じられた。

　資源ブームは２００６年頃からスタートし、２０１２年をピークに下火傾向となってきたが、その間、盛んに「資源争奪」「資源確保」という言葉がメディアをにぎわした。「海底資源」もこのブームに支えられ、国家予算が確保され、日本は資源大国であり、排他的経済水域（ＥＥＺ）内に「メタンハイドレート」「海底熱水鉱床」「コバルトリッチクラスト」「レアアース泥」などの資源が豊富にあると盛んにアピールされ、国策として海底資源調査が促進されている。国の資源関係機関の技術者は、ブーム半ばの２００９年頃、「予算が多すぎて使い切れない」などと、うれしい悲鳴をあげていた。調査量が増加すればより費用はかかるし、調査の主体は民間企業に委託されるだろうから、調査精度も懸念される。

〈鉱業法の改正〉　日本の鉱業法は１９５０年（昭和25年）以来、61年ぶりに改正され、２０１２年1月に施行された。この法改正の契機となったのは、日本のＥＥＺ内に多数の熱水鉱床などの分布があることが最近わかってきたため、これらのポテンシャルに注目した英国のネプチューン社が、日本のＥＥＺ内の熱水鉱床の商業生産を目指して１３３か所の鉱区申請を行ったことである。

そもそも、海洋法に関する国際連合条約（国際連合海洋法条約：１９９４年発効）で、「自国の海岸線から２００海里範囲内の水産資源及び鉱物資源などの非生物資源の探査と開発に関する権利」を持つことができるようになっている。同条約には「資源の管理や海洋汚染防止の義務を負う」ことも規定されている。この条約を日本政府は１９９６年に批准している。この時から16年が経過し、ようやく国内法を整備したわけだ。すなわち、61年間鉱業法を見直すことなく放置し、加えてＥＥＺ内の管理法も全く手をつけていなかったのだ。

改正鉱業法では、鉱業権の設定などの許可基準に、「技術的能力及び経理的基礎を有する者であること」を条件にあげている。さらに、メタンハイドレートや海底熱水鉱床、コバルトリッチクラストなど、国民経済上重要な特定鉱物については、「国の管理の下で鉱区の候補地を指定し、適正な開発を行うことができる開発主体（企業）を選定して、鉱業権を与える特別区域制度を創設した」と政府機関は説明している。すなわち資金・技術があり、国内外の鉱業の実績を持ち、十分な社会的信用を持つ企業が鉱区を取得できる対象となり、海底資源がある特別区域では先願権方式ではなく、プロポーザル（提案）方式にしていく、と解釈できる。また、日本政府が力を注いでいる「海底資源の探査」のメンツにもかかわり、「日本の庭で外国企業に開発されたら、これまでつぎ込んできた専用船の建造、運営・維持、調査費用、試験採掘など多大な資金と努力が水の泡になりかねない」ことへの懸念が、この改正から読み取れる。

日本は、北方領土周辺、竹島周辺、尖閣諸島周辺、沖縄西方などで領土問題を抱えており、領土問題＝ＥＥＺの範囲問題ともいえる。例えば、沖縄西方の東シナ海ガス田では、中国は日中ＥＥＺ中間線以西における天然ガス資源開発を進めているが、その白樺鉱区が、中間線から日本側にはみ出しているのでは、という係争問題に発展している。そのため２００５年に中間線から日本側の領域で日本政府は試掘権を帝国石油に付与した。２００８年に同地域における共同開発に両国は合意したものの、具体的な合意内容はまだ定められていない。日中による共同開発に合意したにもかかわらず中国が採掘プラントを建設し、採掘を開始した可能性が高いと報じられた（朝日新聞デジタル2010年9月25日）。その後中国が生産段階にあると報じられた（朝日新聞2011年3月9日）。中国海洋石油（CNOOC）幹部は「ガス田はすでに開発し生産した。石油が出ている」と語った。何もしない日本の対応に問題が大きい。

このような問題やネプチューン社の鉱区申請などを見ても、日本政府の対応は遅い。法整備の遅れも著しい。係争問題の発生を未然に防ぐためには、まず、EEZの管理に関する法整備がなされていることが前提だろう。

〔公海の鉱区の取得〕 国際海底機構は、国連海洋法条約に基づき、1994年に設立された。事務局はジャマイカの首都キングストンに置かれている。同機構は、各国の領海外の深海底の管理を行っている。

JOGMECは、2013年、南鳥島の日本のEEZの境界から東南方向の公海上約600キロメートル付近に賦存するコバルトリッチクラストに対するレアメタル鉱区（6か所：3000平方キロメートル）について同機構と契約を締結し、15年間にわたり探査する排他的な権利を取得した。公海での鉱区取得は2つ目であり、すでに日本はハワイ沖でマンガン団塊のための7・5万平方キロメートル（日本の面積の20％）の鉱区が、1987年に賦与されている。どの程度の精度の調査が行われたのかわからないが、鉱区の膨大な広さや深海底資源の調査は時間がかかることを考えれば、ごく一部の調査がなされただけだろうと推測される。鉱区保有可能な２０１６年までに目的とする「詳細資源量調査」や「環境調査」は明らかに困難である。なお、２０１６年に国際海底機構によって５年の契約延長が承認されている。また、コバルトリッチクラストといってもコバルトは０・１～１％程度であり、陸域の銅鉱床に含まれるコバルト品位と大差がない。マンガンで、コバルトはマンガンである。両方とも陸域に十分な資源がある。マンガン団塊も主体はマンガンである。また海底熱水鉱床の主体は亜鉛である。

海洋資源調査には、「白嶺」「資源」「ちきゅう」の３タイプの調査船・探査船が使われている。その理由は、「対象資源やその探査段階により探査手法が大きく異なる。それぞれの探査手法に最適な調査船・探査船が必要」（ＪＯＧＭＥＣ）とされている。メタンハイドレートの地質構造解明のための「資源」は２３０億円、メタンハイドレートの海洋産出試験の事前掘削を行う「ちきゅう」が６００億円、深海底鉱物資源探査の「白嶺」が２７５億円の建造費である。また、これらの運航・維持に毎年５００億円の費用がかかる。

ＥＥＺ内の調査に加えて、公海の日本の鉱区の調査を行えば、費用も増大する。右肩上がりの費用で総花的な調査・探査をするのではなく、「どの資源が金のかけがいのある価値を持つのか」検討の上、優先順序をつけた調査にすべきだろう。さらにいえば、むしろ海底を自走できる無人の調査機器の開発に力を注ぐべきだ。

〈海底資源はまだ『夢』の段階〉

カザフスタンのショスタコフは、自国産のレアアース磁石生産を事業構想に持ち、ニオブ製錬の廃棄物からアルミナを選別・生産して建設材料として販売している会社の社長である。「レアアース磁石の技術的課題はクリヤーした。あとは資金調達だ」と胡椒《こしょう》入りウオッカを一気に飲みながら、事業への意欲を語った。その事業化をアドバイスするため、２０１２年11月に訪問したとき、寒波のせいで外はマイナス30度だが、辛味の効いた40度のウオッカで話は弾む。「日本に資源がなくても海域にレアアースをはじめ海底資源がたくさんあるらしいね。海に囲まれうらやましいよ」「海底資源といっても海底１０００メートル以下で調査も難しいよ。レアアースは５０００メートル以下に賦存する。今のところ海底資源開発は『夢』だ。難問が山積している。資金もかかるし、開発するにしても1世紀はかかる。カザフスタンこそ内陸でもカスピ海に石油はあるし、金属資源も豊富だし、恵まれている」「確かに資源で経済を支えており、生活も豊かになった。21世紀はカザフスタンの資源を日本の工業の原料にすればいい。日本の高い技術力で22世紀には『夢』が実現するよ」とショスタコフの表情に期待がこもる。

　海底資源は、これからの資源である。まだまだ陸域に資源があり、これらからの供給とリサイクルで21世紀の日本の産業の原料供給は賄える。エネルギーも省エネを徹底させ、レアアースに伴うトリウムを利用してトリウム溶融塩炉発電の開発をしていけば、化石燃料の輸入量は減らしていけるはずである。

　メタンハイドレートは「リスクが大きすぎる」し、他の海底資源も現有機器での調査では船上からのコントロールが難しいため精度が高まらず、資金がかかりすぎる。また公海の鉱区を取得すれば15年間で探査しなければならない義務が生じる。魅力ある資源で海底にしか賦存しないのなら少々の無理も必要だが、海底資源の主要対象は亜鉛・マンガンであり、レアメタルはわずかな含有だ。レアアースも陸域に豊富にある。なお、ＥＥＺ内にこれらの資源の存在が確認されているが、調査もスポットの域を出ない。

２０１７年にメタンハイドレートも海底熱水鉱床も採掘試掘試験が試みられた。メタンハイドレート海洋産出試験は4年ぶりに行われたが、出砂トラブルなどのため成功には至らなかった。メタンハイドレートは「20年代半ば以降の商業化をめざす」という政府の計画だが、無理な状況である。熱水鉱床も海底資源の開発に結びつくような成果はまだ出ていないようだ。

メタンハイドレートは魅力的な資源であるが、地震の発生しやすい大陸棚の斜面の低温・高圧環境に存在しているため、実態を知らないで開発していけば「海底地滑りによる津波」や「急激な気温上昇」あるいは「暴爆」を起こし、大惨事や地球の破滅につながりかねない。「安全性」を高める方法を開発しなければならないが、政府も研究者も技術者も関心を全く示していない。

海底資源は「夢」の資源だが、問題はやり方である。まだしばらく調査研究が必要だ。しかし、メタンハイドレートは掘る前に消えてしまうかもしれない。地球温暖化で気温が上昇しており、さらに上昇すればメタンハイドレートはメタンになって空中に消えてしまうと考えられるためだ。

第2章　資源争奪の行方

1　想像を絶する強制連行：鉱山の現場

〔強制連行〕　２０１８年10月30日、韓国大法院（最高裁）は徴用工への損害賠償を初めて認めた。判決では、「日本の不法な植民地支配への慰謝料だ」と指摘された。日本政府は「一九六五年の請求権協定を覆す判決だ」と強く批判している。韓国人の元徴用工４人が大東亜戦争中に日本の製鉄所で強制労働させられたとして損害賠償を求めた裁判である。日本政府は、元徴用工をめぐる韓国最高裁判決の国際法上の不当性について対外発信を本格化させた（産経ニュース２０１８年11月８日）。どのように決着させていくのか。日韓関係に亀裂が生じている。15件の徴用工訴訟が起こされ、対象の日本企業は約70社にのぼるという。北朝鮮でも徴用工として日本の鉱山製錬所へ大勢が強制連行され、強制労働させられた。日朝首脳会議はいつ行われるのか、全く見通しがない。この徴用工問題も話し合うことになるだろう。韓国からの損害賠償も今後さらに拡大していくだろう。

中国でも同様の裁判が行われた。２０１４年以降、日本の戦後補償問題が急に噴出してきた。北京第一中級人民法院が「強制連行提訴を受理」「中国、戦後補償で転換」と報じられた（朝日新聞

２０１４年3月19日）。戦時中に日本に強制連行され鉱山で過酷な労働を強いられたとして、日本企業（旧三菱鉱業、旧三井鉱山）を相手に原告の元中国人労働者と遺族計37人が提訴し、中国裁判所はこれを受理した。総額６億円の保障請求である。しかし、２０１６年６月に、被害者１人当たり10万元（約２００万円）を基金方式で三菱マテリアルが支払うことを柱に和解した。対象者は３７６５人となり、日本企業による戦後補償としては過去最大の規模となった。なお強制連行の被害者は４万人ほどいるという。

さらに、２０１４年に同様の強制連行の対日訴訟で、中国山東省の元労働者や遺族計７００人が、旧三菱鉱業（現三菱マテリアル）が出資する現地法人２社に対し、総額１１５億円の損害賠償の訴状を高級人民法院に提出した。原告団が勝訴すれば、財産没収などの強制執行が行われる可能性があるという。訴状を同高級人民法院が受理すれば、強制連行をめぐる戦後補償問題はさらに広がっていくかもしれない。

日本政府は１９７２年の日中共同声明で請求権問題は「解決済み」とし、とくにこの問題への対応は考えていないようだ。しかし、２０１４年４月に商船三井の鉄鉱石船が差し押さえられるという事件が発生した。戦前に中国企業の船舶２隻を借り、船も返さなかったことで、賃借料への損害賠償裁判を起こされた。２０１１年に商船三井は敗訴したが、29億円の損害賠償の支払いをしなかったことで差し押さえられたのである。「日中共同声明で解決済み」と放置していると、中国の日本企業の資産は没収されることも十分考えられる。

戦時下とはいえ、強制連行は国家犯罪にも相当し、労働者は炭坑で生死をかけた労働を強いられた。国家間の賠償で解決されたとなれば、強制連行された労働者にとっては、その憤りを持っていく場がない。

日本の金属鉱山では1970年頃から坑内の構造改革がなされ、安全の確保、大型機械化、坑道の拡幅がされ、坑内に食堂、事務所もつくられていったが、それまでは狭く、暗く、危険な鉱山が多かった。また、炭坑は金属鉱山と比べものにならないほど環境が劣悪で、暗く、暑苦しく、ガス爆発の危険もある。ましてや強制連行の戦時下では想像を絶する環境だった。

〈鉱山は最悪の仕事〉 紀元前55年、ローマ軍はグレートブリテン島に上陸し、以後400年近くにわたり支配した。英国の南西部コーンウォールにはローマ時代の錫・砒素《ひそ》・銅などを掘った古い鉱山がある。またウエールズのドラコッティーには金山があった。当時ローマ人はケルト人を奴隷にして金を採掘した。ローマ時代の「最悪の仕事」は鉱夫、床下暖房の清掃人、反吐《へど》収集人といわれ、鉱山のなかで金の坑内掘りがもっともきつい仕事であった。地中にもぐれば常に危険がつきまとう。与えられた道具は石を砕くつるはしと鉱石を運搬する木製の運搬具であった。不規則に掘られた迷路状の坑道は立って歩ける大きさではなく、窮屈でしかもまっ暗闇。動物性の脂やオリーブオイルを燃料としたランプを携帯した。僅かな明かりで煙も多く、過酷な環境である。

彼らは金を含む硬い石英脈を掘った。掘れないほど硬い場合、薪を焚《た》き石英を高温にして燃やし続けたあと水をかけ、温度差の収縮を利用して爆裂を起こさせた。砕石《さいせき》された石英は細かく砕き坑外に運搬し、さらに鉱石を細かく砕いて羊毛皮に洗い流す。皮に金が残るが、これを燃やして金を採取した。奴隷は手かせ足かせで逃げられないように管理されていたそうだ。取り出された金はローマ帝国の金持ちの装飾品になった。西暦５世紀初頭までこの鉱山の採掘は続けられた。

鉱山労働は厳しいせいか、奴隷や流刑囚にそれを強いた例は少なくない。ロシアの東で、バイカル湖の東５００キロメートル、シベリア卓状地の南縁に沿ってシベリア南部鉱床区に属するニカラ金山、ネルチンスク銀山など小規模鉱山が点在する。アムール川の上流である。これらの鉱山は流刑地であり監獄であった。鉱山はローマ時代の金山のように人力主体の採掘である。19世紀後半ともなれば、ロシアの奥地とはいえ、多少機械が導入されていた。深さ１００メートルの立坑が掘られ、木製巻き上げ機で鉱石を地上に運んだ。ダイナマイトはすでに利用され、それを岩盤に埋め込むため硬い岩盤に孔《あな》を鏨《たがね》で掘らねばならない。発破後は酸欠状態になり、換気装置は小型の扇風機のみで、通気不十分で淀《よど》んでいる。明かりはろうそくで暗く、数メートル先までしか見えない。坑道も狭い。１年の半分以上は坑内温度氷点下という劣悪な作業環境である。鉱石の選別は坑外で人手による手選で、寒さに震えながら鉱石と廃石をより分けた。このような懲役鉱山よりふつうの監獄のほうがましだったという。

バルカンのアルバニアのクロム鉱山は、1990年ごろまでロシアと同じように刑務所代わりで、受刑囚が鉱山労働で服役をした。つい最近のことである。シベリアの懲役鉱山と変わらない。気候が温暖なだけまだましかもしれない。

鉱山の作業は「最悪の仕事」といわれるだけあって、汚く、酷く、きつい。しかも鉱山は山奥や人里から離れ、隔離された環境にあり、坑内掘鉱山は監視体制をつくりやすい。そのため奴隷や流刑囚の懲役労働に適していた。囚人用鉱山であれば機械設備の導入も不要であり、費用もかからない。

〈鉱業先進国だった江戸時代〉

「日本では鉱山の労働環境はどうだったのか」と疑問を持つ人も少なくないのではと思う。なにしろ日本はそのころ世界に「鉱業国」として名をとどろかせていた。江戸時代までは「鉱業先進国」であった。

当時日本を代表する鉱山は佐渡金銀鉱山、石見銀山である。金銀の需要は中世後期より増大し、これらの鉱山を中心に世界有数の鉱業都市を形成した。最盛期の石見銀山の人口は20万人にのぼる。これらは、探査・採鉱・選鉱・製錬・鋳貨《ちゅうか》と一貫した生産体制を持ち、コンビナートともいえる規模であった。生産工程全般にわたる技術改良、坑道を掘る技術、物資の供給体制、砕屑《さいせつ》された鉱石の石臼による磨鉱、植物油を使用した携行油筒の坑内照明、強制換気設備の設置、岩盤崩落防止の保安技術、排水設備などを絶えず工夫し、坑内測量技術を確立し、鉱山全体の管理体制を築いた。技術を磨き、各工程をシステム化していった。日本では人力であっても、作業を改善しシステム化し、専門職化させ、重労働を軽減させながら生産性を上げ、鉱山を経営した。

技術者・労働者の受け入れは解放されており、全国から仕事を求めて人が集まってきた。しかし、法で流れ者は鉱山に入れないと定められていた。鉱山支配の基本法は「制札（高札）」で、鉱山の生産や生活を規定した法律が「山法」である。これは幕府や藩が鉱山内の問題に介入しない代わりに、鉱山内だけの法律としてつくられたものだった。このほかにも慣習や前例、鉱山に蓄積した成文法など重層で体系化された法秩序のなかで運営されていた。鉱山の出入りは祭り以外は厳重で、監視体制があり、閉鎖社会をつくっていたが、鉱山の一斉休日を設け、居酒屋、料理屋、遊女屋など息抜きの場を備え、ときに相撲興行や芝居などによる娯楽もあり、次第に定住化が進んでいった。

〈明治期の石炭産業の興隆と衰退〉　明治の近代化が始まると、環境は一変した。明治維新以降、「殖産興業」の政策に基づいて欧州の機械・設備・技術を導入し、それまでのシステムを崩して近代化を促進させ、生産を拡大させた。近代化の機械はエネルギーを必要とした。

世界では石炭は２０００年前から利用されていた。本格的な炭鉱開発が世界的に始まったのは産業革命の頃からで、蒸気機関が紡績工場の動力として用いられるようになると、その熱源として石炭が「黒ダイヤ」ともいわれ、急速に重要な資源として扱われていった。

日本では石炭は、江戸末期に薪の代用や製塩業に利用されていた程度だが、三池藩が三池炭坑を開発し、明治初期に政府の官営事業とした。１８８０年代の本格的近代化とともに、囚人を石炭の労働力に動員した。その後三井財閥に払い下げ、三井三池炭鉱となった。石炭の販売のために三井物産が設立された。炭坑も各地で開発されていった。炭坑は近代化を支えるシンボル的存在となった。発電・製鉄所・各種工場の燃料に使われ、石炭産業が興隆した。石狩、常磐、三池、筑豊などの大規模な炭田を中心に、最盛期には八〇〇以上の炭鉱が稼働した。長崎半島の西4・5キロメートルの沖合の三菱の軍艦島は海底炭鉱によって栄え（1974年閉山）、コンクリートの塊の異様な姿を放っていた。2015年軍艦島は「明治日本の産業革命遺産である製鉄・製鋼、造船、石炭産業」の構成の1つとして世界文化遺産に登録された。

戦後になっても、政府は経済復興を目指して、石炭鉱業を鉄鋼業、肥料産業とともに最重点産業として積極的な復興・増産施策を講じた。しかし、1950年代に石炭から石油へとエネルギーが転換され、1970年代にはほとんどの炭坑は閉山した。70年と短命すぎる石炭産業であり、ほぼ資源を掘りつくしてしまった。

〈炭坑の過酷な重労働〉

しかし、このような表の歴史とは裏腹に炭坑の労働者は過酷な重労働を強いられた。石炭は人力で簡単に採掘できるため、機械化も十分にされず、生産量は労働力次第であった。行き場のない失業者の受け皿であり、終着地でもあった。女性や子どもを含め、一家総出で炭坑で働いた。

世界記録遺産に認定された山本作兵衛の画文集『炭鉱に生きる』（講談社、2011年新装版）を見ると、炭坑での労働の姿がわかり、酷さ、悲惨さが伝わってくる。労働者は囚人か奴隷以下に扱われ、生き埋めやガス爆発など、いつも死と隣り合わせである。土曜には平日の４倍のノルマを課せられ、一間の隙間だらけの納屋を住居としてあてがわれ、雨をやっとしのげる粗末さである。借金を強いられ、働けど借金が減らず、十分な食料も買うことができない。飢餓生活で生きるのが精一杯という地獄、あるいはそれ以下ともいえる生活である。炭坑から逃げ出せず、逃げても捕まれば殺されるか重刑で、掟《おきて》に反すれば拷問が待っている。軍艦島は、監獄そのものである。上野英信の『地の底の笑い話』（岩波新書、１９６７年）はそんな炭坑の様子を伝えている。

炭坑労働者は、日本の近代化、帝国主義化、資本主義化、軍国主義化の犠牲者である。管理者は横暴で、暗黒の暴力で強権を振りかざした。経営者は安価すぎる賃金で搾取し、巨額の利益をむさぼり、大手の三井、三菱や新興の麻生鉱業などは、富を蓄積した。

〈国家ぐるみで行われた強制連行〉　日本政府は、強制連行の人数を72万人としている。多くは朝鮮人で女性も含まれた。中国からも連行されている。主として炭坑だが、ほかに鉄やニッケルなど金属鉱山や製鉄所、土建現場などの重労働現場への労務動員である。企業の要望に基づいた動員とされる。

戦時下、国家総動員法に基づく徴兵で日本の産業の生産力が急激に低下した。石炭など軍需産業は増産を必要としていたが、炭坑、セメント工場などは労働力不足となり、その補充に朝鮮・中国からの労務動員が閣議決定された。強制連行は国家ぐるみで組織的計画的に行われた。動員は国営の職業紹介所を通し、事業主が手配したとされるが、中国では「いい仕事がある」とだましたり傀儡《かいらい》兵士が拉致したりと様々である。

連行された労働者は炭坑などの現場で過酷な重労働を強いられ、休日がなく、粗末な食事、粗末な衣服で、賃金も払われず、宿舎というより逃亡を防ぐため鉄条網を張り巡らされた獄舎生活で、囚人扱いであった。ノルマ達成まで坑内の採炭現場で作業を続けるという極限状況に追いやられ、「生きる希望をなくした」という。三井や三菱の炭坑の労働者や、強制連行された朝鮮人、中国人は「殺されてもいいから、炭坑から脱出したい」と死を覚悟で逃走をしたという。しかし、監視体制は厳しく、見つかり捕らえられれば、銃殺や天井から逆さ吊《づ》りのまま坑木でたたかれるという拷問によって死亡している。戦時奴隷制ともいえる姿である。

強制連行に当たって政府は民間企業に労働力の需要調査を行っており、連行計画の基礎データとなっている。軍需産業にかかわった企業は政府の補助金をもらい、戦争後もこのような企業は優遇されていった。強制連行は日本の朝鮮や中国への植民地支配の一環であった。

〈IT時代の鉱山―新たな格差拡大へ〉

韓国人、中国人の日本企業への戦後賠償の請求は、強制連行の実態を知ればもっともといえる。酷過ぎることをしてきたが、メディアはその実態をあまり伝えない。日中共同声明で「戦後賠償は終わった」では済まされない問題が内包されている。韓国に対しても酷すぎる強制労働の実態が理解できれば、日本政府は「解決済み」では済まされない。このままでは日韓関係はさらにこじれていってしまう。

日本は５００年以上の鉱業の歴史を持つ。資源を大切に掘り、社会・生活に役立てていかねばならないのに、石炭産業をほんの一瞬で終焉《しゅうえん》させてしまった。近代化が生み出した石炭産業は「エネルギーが最優先」で乱掘し、採掘現場を監獄化していった。石炭行政、石炭財閥、石炭成金が日本の近代化をはき違え、大きく取り返しのつかない道を突っ走ってしまった。さらに石炭を求めて満州に、中国に進攻し、石油を求めてアジアに戦争を拡大してしまった。いまだに戦後は終わらない。

鉱山の過酷な労働環境は世界的に減少しており、もう〝監獄化〟することはない。今、鉱山は自動化に向かっている。ＩＴ化の拡大で、労働環境は大きく変わってきた。外出時も携帯電話で居場所が管理され、ノルマ達成もパソコンで管理だ。工場では作業者もロボット化する。管理者はパソコンで作業者の一元管理ができるが、作業する労働者は降格やリストラ対象にさらされ、ノルマを達成するよう圧力を加えられる。役員は報酬を大幅に上げ、売り上げや利益が増大しても社員は潤わない。格差が一段と著しく、労働者は「酷使され」経営者は「所得を増やし」と、かつての石炭産業のような姿になりかねない。せめて〝怒りの声〟をあげねばならない。

2　資源と戦争

〈日本のたどった道〉　日本は江戸・明治・昭和と鉱業国であった。明治に入り製鉄所をつくり、官営工場を建設し、近代化産業を推し進めた。１８９０年には全国に鉄道が敷設され、急速に鉄道の時代となっていく。また殖産興業政策で農業国から工業国へと構造の転換がなされた。

政府は欧州から機械を購入し、１８７８年には、蒸気機関を取りつけて巻き揚げを行うなど、佐渡鉱山をはじめ鉱山全体で欧州技術を導入し、急速に近代化を成し遂げた。動力も人力から蒸気機関へ、そして１８９０年、足尾鉱山に水力発電所が建設され、鉱山の電化が拡大していった。

１８９５年に日清戦争が終わり、清国の弱体化につけ込んで、フランスは鉱山の開発権、ロシアは東清鉄道の敷設権、ドイツは山東省の鉱山採掘権、英国は九竜半島の租借権などを獲得した。日本は台湾を植民地として領有するとともに朝鮮支配の足がかりをつけた。

紡績工業は、輸入品の流入にもかかわらず、国内市場の拡大とともに海外市場でも帝国列強と競い、列強に負けない産業となった。重化学工業を興し、軍需産業も兵器工場を設置して小銃や大砲の生産を始め、軍艦製造工場もつくっていった。しかし、大量の鋼を必要としたため、鉄鉱石は国内供給だけでは賄えない状況となった。

１９０４年に日露戦争の勝利で得たロシアの東清鉄道南部支線は、満州での日本の勢力の根幹となり、朝鮮の鉄道とともに清国やロシアへの戦略上の位置づけとした。朝鮮、中国東北部支配権の確立とともに、軍備増強と各種重工業が勃興し、鋼の需要は増加する一方であり、機械や兵器の素材となる鉄鋼産業が本格化した。しかし、「鉄は国家なり」といわれ、鉄鋼生産量が国力の指標となっていたが、鉄鉱石の自給率は50％程度で輸入に依存していかなければならない状況であった。

日露戦争後、「満鉄」を設立して満州を経営したが、表向きは鉄道経営や租借地内の統治であった。しかし、一方で１９１０年に地質調査所を設立して地下資源を探し、鞍山《あんざん》の鉄資源を発見し、資源を確保していった。１９３２年に満州国が成立し、満州への本格的統治と重工業の進展とともに鉄資源確保の重要性がますます増大していった。米国の屑《くず》鉄や中国の大冶《だいや》鉄山に製鉄原料を頼らなければならなかった状況のなかで、撫順《ぶじゅん》炭坑や鞍山製鉄所は満鉄の事業の柱になり、満鉄は周辺の地域支配権を拡張していくための重要拠点となった。また世界は石炭から石油の時代になりつつあり、満鉄はシェールオイルや石炭の液化など技術開発も行っていた。しかし満鉄は、日本の満州や中国への侵攻の足場だったため、米国など列強の反発を買い、太平洋戦争の要因をつくることになる。

１９３６年、軍将校のクーデター二・二六事件が起こり、１９３８年には国家総動員法が成立し、１９４０年に大政翼賛会を発足させ、挙国一致の体制がつくられた。５年目の中国との戦争を引きずりながら、米国との対立を一層深め、資源を求めて太平洋戦争に突入していった。

終戦から1947年までの間、日本の鉱業は大混乱状態にあり、非常に荒廃していた。戦争中、鉱業法は無視され、軍需生産にとって重要な鉄や銅などの鉱山は、無計画で場当たり的な抜き掘り・乱掘などで増産が強行されたため、経済性の乏しい低品位鉱が残され、鉱石不足となった。軍需的に重要ではなかった金や錫や硫黄の鉱山は、政府の命令で戦時中は休山または閉鎖されていたため、再建・再開に時間がかかったばかりか、戦後の国内資源不足や枯渇に大きな影響を与えた。

1965年以降、国内鉱山は次々と閉山に追い込まれ、製錬所への供給が減少し、鉱石や地金の海外からの輸入量が増加した。1980年代には鉱石の国内自給率はほぼゼロとなる。製錬所は維持されているが、その原料の鉱石は100%輸入に依存している。今もその状態が続いている。

〔兵器と金属〕 戦争は産業化している。米国は、国の経済を支えるために10年に1～2回の局地戦争、10～20年に1回の大きな戦争が必要だといわれている。過去20年ほどを振り返ると、湾岸、イラクをはじめアフガニスタン、バルカン、コーカサス、コソボ、スーダン、シリア、コンゴ、アンゴラ、アルジェリア、リビアなど中東、アフリカ、中欧で戦争・紛争が繰り返されている。

米国は、直接戦争にかかわらなくても武器の輸出で経済を維持させている。戦争が行われないと武器の在庫が増えるため、定期的に一掃しなければならない。日本も武器を生産しており、また米国の軍需産業とも部品供給で関係していて、これらの戦争への武器輸出に少なからず関与している。

戦車、潜水艦、戦闘機、輸送機、戦艦、輸送艦、装甲車両、高射火器、火砲、携帯火器などの兵器

の構造材は鋼が主体である。いわば鉄など金属の塊であり、エンジンや機能を高めるために部品にレアメタルが利用されている。またこれらの兵器を動かしたり、運んだりするためには石油などの燃料が必要である。兵器は地下資源からなっている、といえる。弾丸も金属からなる。鉛合金の弾芯に銅合金（真鍮《しんちゅう》）をかぶせている。タングステン合金弾であれば貫通能力が増す。劣化ウランを砲弾に使えばさらに高い貫通力を発揮する。しかし、放射能汚染を発生させ、汚染除去が困難となるだけでなく、人体に大きな被害を与える。

人類が最初に兵器に金属を使用したのは、紀元前３０００年頃で青銅器時代に入ってからだ。青銅製の刀、槍《やり》、甲冑《かっちゅう》は、冶金技術を獲得してつくられた。その後紀元前１５００年頃からヒッタイトによって製鉄技術が発明されたのが鉄器文化のはじまりといわれている。青銅に比べ鉄は安価であり、鉄資源はいたるところにあるため、鉄製の兵器が拡大していった。

鉄の冶金と加工技術の進歩で製鉄産業が発達し、高炉の溶鉱炉がつくられ、コークスを使い年々鉄鋼の生産量を増加させた。大砲の弾丸も石から鉄へと変わり、中国で発明された火薬が戦争に利用され、機動性を持つ火薬砲車や火縄銃も発明された。

金属は、その利用技術の発達とともに戦争に使われ、産業革命以後は大量生産方式がとられ、砲弾・大砲・小火器も格安に製造された。１９１４年に蒸気機関から石油燃料の内燃機関へと動力革命が起こり、戦争も戦車、飛行機の時代となり戦争にも工業にとっても石油や金属は不可欠となっていった。

軍需産業では戦車、航空機、火砲などの兵器は、時代とともに技術開発がどんどん世代交代していく。第二次世界大戦以降は、レーダーをはじめハイテク軍備競争の時代となり、ミサイルの性能は日進月歩で、その制御もレアアース磁石の利用で可能となった。原子爆弾もいつでも使用できるよう準備され、恐ろしい時代になっている。レアメタルの利用は、20世紀の後半から幾何級数的に拡大しているが、ハイテク工業製品ばかりでなく、軍需製品でも潜水艦の探知システム、戦車のレーザーなど多用されている。

ボーイング社の探査技師サム・スコットにワシントンDCで会ったとき「飛行機メーカーでは探査技師はどんな役割を持つのか」と聞くと「兵器の部品にレアアースなどレアメタルが不可欠だ。中国依存のままでは、その供給は保障されない。国とボーイングのために国内で探していかなければならない。探査機器開発もしている」といっていた。兵器に使用する金属の供給に対し、メーカーも資源探査に加わり、自給自足していこうとしている。

〈資源が起こす戦争〉　戦争は表向きには〝民主化〟〝人道的〟という大義をかかげるものの、内実は直接にしろ間接にしろ、領土や支配権の拡張に加え、資源の獲得やマーケットの拡大に根差している。

ヒットラーのアゼルバイジャンのバクー油田への進攻やソ連／ロシア、米国のアフガンでの戦争も銅・鉄・ニッケル・石油・ガスなどの地下資源を手に入れるためである。日本の中国への侵略も戦争による資源獲得を目的としていたといえる。

１９３７年に従軍記者になった林芙美子は、初めての仕事を『戦線』（中央公論新社、２００６年）で、日中戦争勃発の頃の記録を日記風に描いている。泥まみれの悲惨さは見られない。まるで旅行記のようでもある。従軍は戦争を支持する世論形成のためであり、国民の戦争意識高揚や戦争宣伝のためであった。「お上の物語」に乗っかってしまったことで戦争の本質を見抜けなかったのだろう。「戦地に是非行きたい、自費でも行きたい。戦場で死んでもいい」とまでいっており、漢口攻略時には「日本の女を代表してきたような、うずうずした誇りを感じた」というほど積極的に従軍したことが読みとれる。

さらに１９４２年にオランダ領ジャワ、スマトラ、ボルネオに日本軍が進攻した時期、報道班員として現地に派遣された林芙美子は、戦争目的が資源の獲得にあることをここでやっと認識している。ボルネオの石油基地を占領した直後で、「南方従軍日記」にこれらの地域に無尽蔵な石炭、鉄、マンガン、アンチモン、白金などの資源があることを走り書きのメモとして残している。しかし、資源については「軍用資源秘密保護法」のためか、機密事項であり、厳しく検閲されていたのだろう。それ以上のことは書いていない。

戦争によって資源は略奪され、植民地化され、資源を保有する国の権利は踏みにじられる。インドネシアの銅や石油も、米国の実質的支配の下で利益は米国企業に入り、自分の国にはほとんど還元されなかった。今では、これらの資源もすでに生産のピークを過ぎて、米国も巨額の利益獲得源とはならなくなっており、米国の影響力が低下している。そのためか、インドネシアは鉱業法を改正し、自国資本での鉱業にシフトしている。石油の自噴国のアゼルバイジャンも帝政ロシア、国際資本のロスチャイルド、ソ連に支配され、そして内戦が起こったが、やっと2000年から利益の30%が自国の歳入になった。アフリカの各国資源は、植民地以後は資源メジャーのものであり、欧米は戦争を起こしながら資源の支配権を握り欧米企業が鉱業を営む。各国への還元は遠い先である。

〈日本のこれから〉 敗戦後、非武装・戦争放棄で出発した日本だが、自衛隊の装備や兵器はすでに軍隊といえる。最近の政権の動向から平和憲法自体の存続も危ぶまれる。

戦車も潜水艦も火器も戦闘機も多くは国産兵器である。「いつの間にこんな兵器をつくっていたのだろう」と思うが、さらに兵器の輸出によって経済を潤わそう、という考えが官民にある。武器の部品輸出、米国やEUとの兵器の共同研究・技術開発が行われており、日本は戦争の悲惨な状況に加担している。

戦争もやがてレーザー兵器が主役になりそうな気配であり、一層高度化・ハイテク化していきそうだ。現に、「高速」で一瞬にして対象を破壊するレーザー兵器がイスラエルや米国で開発されている。戦争の姿を一変させるかもしれない。

日本の大手重工業企業では新型戦闘機の開発をしているという。自動車会社はこれまでに蓄積したハイブリッドなどの最新技術を、戦車などの兵器に利用させようとしていると聞く。戦後日本の基本路線の大転換期にあるように感じる。

「戦争で得をするのは誰なのか」と思わずにはいられない。太平洋戦争からの経験で「もう戦争はこりごり」「いいことはないよ」「損害、犠牲が大きすぎる」という声が大半にもかかわらず、政治家は聞く耳を持たなくなっている昨今である。韓国人徴用工の問題もまだ解決にはほど遠い。北朝鮮との関係もいまだに戦争を引きずっている。北朝鮮の鉄や金の鉱山の生産活動が日本の軍隊によって行われたが、めちゃくちゃに採掘したため敗戦とともに水没した。70年以上放置されていたが中国が２０１５年頃金山を購入した。

３　北極圏と資源争奪

〈北極圏と気候変動〉　北極圏は北緯66度33分の内側である。北極圏の４分の３は海で、夏でも氷に覆われている。残りは陸域でカナダ、ロシア、米国、フィンランド、ノルウェー、スウェーデン、グリーンランド（デンマーク）、アイスランドからなる。人類が北極点に達したのは１９０９年。北極点は南極点と違い陸地がない。

その北極圏に気候変動が顕著に現れ、気候変動の象徴となっている。かつて「炭坑のカナリア」といい、坑内に空気が届いているかどうか、カナリアを連れて坑内に入り安全を確認していた時代があった。今、「北極のカナリア」というそうだ。北極圏自体が「炭鉱のカナリア」に相当する。北極の姿が人類の運命を握る。

島のほとんどが北極圏に入るグリーンランドは、厚さ3キロメートルの氷床が解けだし、崩れ落ち、そのペースは速まっているという。氷が解ければ、北極圏の永久凍土が解け、メタンハイドレートが気化してメタンガスが大量に排出される。メタンガスの増加で温室効果が加速し、気温が上昇し、さらなるメタンハイドレートのメタンガス化という循環で、洪水や海面上昇をもたらす。自然災害を起こし、農業にも大きな影響を与えることになる。北極圏で暮らすイヌイットの生活ばかりか、地球規模で人類の生存すら脅かす事態となりかねない。また、氷河が解けだすと、海の深層海流も温度が高くなり、海水温が上昇し、さらに温暖化をもたらす。

〔北極圏と資源〕 1896年頃、アラスカとの隣接地域カナダのユーコン州のクロンダイクで、砂金鉱床が発見されたとたん山師たちが押し寄せた。10万人以上がクロンダイクを目指した。しかし、厳しい気候と険しい山岳地のため数万人しか到達できず、そのうち数千人が砂金を採掘できたという。カナダの〝ゴールドラッシュ〟である。同じころアラスカでも〝ゴールドラッシュ〟が起こった。ベーリング海峡の近くのノームや南東部の太平洋に面したジュノー、内陸中央部のフェアバンクスでも金鉱床が発見されたのである。一獲千金を夢見る何万人もの山師がアラスカに入った。鉱山のベースとなっていたフェアバンクスは今では内陸部最大の都市である。アンカレッジと結ぶアラスカ鉄道も、米国企業の銅鉱山建設で１９２３年に開通している。ちなみに、アラスカはロシア領であったが、クリミア戦争後の財政難から、その戦争に中立的立場であった米国に、ロシアは１８６７年、１平方キロメートル当たり５ドル、計７２０万ドルで売却した。

そして現在、北極が解けだし、北極圏での天然資源への関心が高まり、資源開発が始まっている。世界の天然ガスの30％、原油の25％があるという。さらに氷で閉ざされていた「北極海航路」の開発に注目が集まっている。２０１３年に50隻がこの新航路を利用し、欧州とアジアを結び鋼材や鉄鉱石を運んでいる。メタンガスやCO_2の増大による気候変動で「資源」も「航路」も新たなフロンティアとして、〝氷解〟とともにビジネスが拡大していきそうな勢いである。

今では気候の厳しいアラスカでの鉱山開発も、厳寒対策が蓄積しており、気候が開発阻害要因とはならない。すでに探査開発も進み、フェアバンクスの東１４５キロメートル、北極圏のすぐ南で日本企業１００％のポゴ金鉱山も２００６年から稼動している（なお、２０１８年、豪州大手のノーザンスターリソース社に２９０億円で全ての権益を譲渡）。

〔北極圏の資源争奪〕　北極海は、地球温暖化の影響で氷が減少しており、探査開発が加速している。資源開発は石油と天然ガスがターゲットだが、莫大な費用がかかる。厳しい気候対策や探査・生産の海洋プラットホームが氷山と衝突するかもしれないというリスクを抱えている。また極寒の特殊仕様の設備機械、過酷な作業で高賃金の支給が要求され、コストの大幅増（テキサス州の倍）や需要地から遠いにもかかわらず、大規模資源の魅力と利益率の高さで、商業化を目指した鉱区の獲得争いとなっている。

ノルウェー沖のバレンツ海は、膨大な資源ポテンシャルが見込まれており、操業が一番しやすい海域とされているため、北極海のなかでも最も開発が進んでいる。大規模な油田やガス田が次々に発見されている。石油メジャーや世界の石油会社40社ほどが探査開発に参入している。日本の石油会社も鉱区獲得合戦に参戦し、数鉱区を獲得している。ロシアは北極海を戦略的に重要な地域とし、石油・ガスとも戦略資源であるため、ロシアの沖合の大陸棚海域で探査開発を進めている。外資は参入してもロシア鉱業法に基づきマイナーシェアーどまりだが、石油メジャーもロシア国営企業とジョイントベンチャーを構築している。

北極点の下は3000メートル以上の深さの海で、氷に覆われているため、探査は進んでいない。しかし領土を持つ周辺国は、陸から200マイル（322キロメートル）のEEZ内でそれぞれ独占権を持つ。しかし、EEZの外側の公海は北極点を中心にカナダ、ノルウェー、ロシア、デンマーク、米国が権益分の取得を主張している。

バレンツ海では、北緯70度で、ノルウェーのハンメルフェスト沖北西約140キロメートルのスノービットガス田が、水深３３０メートル、海底下２３００メートルの深さから天然ガスを生産している。２００７年に操業が開始され、液化天然ガス（ＬＮＧ）にして日本の企業が建造したＬＮＧ船で運ばれる。開発費は一兆円を超える。CO_2は分離して、地中に埋め込んでいる。また北緯73度で、ロシアの沿岸から５５０キロメートル離れたところにシュトックマンガス田が開発段階にある。水深３５０メートル、海底下２０００メートル、投資額３兆円と巨額であり２０１３年に生産開始が予定されていた。しかし、シェールガスにより天然ガスの供給構造に変化が起きてきたため、エネルギー戦略が見直され、無期延期となった。

北極海は資源争奪の状況が続いている。しかし、資源開発か、環境保護か、人類の存続にもかかわる問題だけに、国益・企業益だけで進んでいけば大変な事態になるだろう。「世のため人のため」でなければならない。

〈国際法と北極圏の資源〉　南極は１９６１年に発効した「南極条約」により、「南極大陸を含めた南極地域は、各国が領有権主張は放棄しないものの領土主権行使と請求権が凍結され、どの国にも属さない土地」となっており、南緯60度以南の領有権主張は凍結され、軍事利用・核実験なども禁止されている。また１９９１年、各国政府は南極環境保護議定書に合意し、以後、少なくとも50年間の鉱物資源開発が禁止されている。南極は「大陸」であるが、北極は「海」であるため「国連海洋法条約」などの現行の国際海洋法が適用される。

１９９６年のオタワ宣言により、「北極評議会」が発足した。北極圏共通の課題（持続可能な開発、環境保護など）について、北極圏諸国間の協力・調和・交流を促進することを目的としている。北極圏に領土を持つ国家であるアイスランド、米国、カナダ、スウェーデン、デンマーク（グリーンランド）、ノルウェー（本土とスバールバル諸島）、フィンランド、ロシアが加盟国として固定されている。オブザーバー国は、非北極圏諸国の英国、日本、中国など12か国である。国際海洋法に基づき国家が自国管轄権を有する海域ＥＥＺと大陸棚海域を設定することができる。

日本は、１９２０年に締結された北極圏に陸地を有するスバールバル諸島の地位に関する「スピッツベルゲン条約」の締約国であるため、この海域に関しては同条約で定められた一定の管轄権を有している。スバールバル諸島はノルウェーの統治下に置かれるが、全てのこの条約の加盟国は、等しくこの島で経済活動を行う権利がある。しかし、１９２０年の条約であり、現在の国連海洋法条約で規定されているようなＥＥＺおよび大陸棚についての概念は、当時は存在していなかったため、権利を行使できるかどうか、わからない。

中国は、北極海へのビジネスチャンスを虎視《こし》眈々《たんたん》と狙っており、環境モニタリングと称してたびたび北極圏の調査をしている。「北極評議会」の正式メンバーになりたいため、気候変動に関する調査を実施したり北極センターを建設し、北極外交への影響力を強化している。「北極圏を国際的な領域と見なす」よう主張している。

＊

今は北極圏の海底資源がフロンティアである。皮肉なことに人類のエネルギー利用の増加が、氷に閉ざされた北極海を解かし、北極航路ができ、海底のガス・石油の開発が可能となり、生産も始まった。開発・生産がさらに北極海を解かし「地球のシステム」を壊すような深刻な状況だが、開発か環境かで議論はされても〝私利私欲〟で資源争奪が加速している。

「温暖化」は自然現象という一部の見方もあるが、エネルギーの大量消費は北極の氷に変化をもたらしている。「人為的な気候変動」を減少させていかなければ、海水面の上昇や農地の移転、人類の移住とならざるを得ない事態が考えられる。北極圏で石油や天然ガスの生産を行っているノルウェーでは、温暖化問題を考慮し、国民の約半数は、「これ以上の新たな領域での油田開発には反対」している」（２０１７年世論調査）。さらに24％が「既存の石油や天然ガスでもこれ以上の新たな生産井《せい》を掘削するべきではない」と環境問題への意識が高い。

日本は「北極評議会」のオブザーバー国である。北極圏での石油ガス開発をまず凍結させ北極海を守る「北極条約」をつくる必要性を発信していかなければ「自分で自分の首を絞める」ことになる。日本はいろんな国々に多額の支援を行っているが、「何が重要か」を踏まえ、氷の溶解を食い止めるための支援にも取り組まねばならないだろう。

4　ダイヤモンドを高価にするマーケット戦略

〔ダイヤモンド資源〕　ダイヤモンド資源は、世界の各大陸に分布する。原生代や始生代の大陸があれば、その存在の可能性がある。ダイヤモンドは漂砂鉱床と火山岩に胚胎する。火山岩はマントルからマグマが地殻を突き破って地上に現れたパイプ状に発達した岩石で、キンバリー岩という。ふつう径数百メートルで深さ1キロメートル、パイプというより〝人参の形〟に似る。このキンバリー岩が、地表の風雨にさらされ、削られ、移動し、周辺に漂砂鉱床を形成する。キンバリー岩の地表付近は風化してダイヤモンドを含んだ土壌になっている。

ダイヤモンドは8世紀にインドで発見され、17世紀まで砂礫《されき》層から採掘されていた。インドネシアのボルネオ、豪州、ボリビア、ベネズエラでもダイヤモンドは発見されている。その後18世紀にブラジルが主要生産地となり、同様に砂礫層から採掘されていた。

１８６６年、南アフリカのホープタウンで、少年が21カラットのダイヤモンドを発見した。これを契機として、あっという間に４０００人の山師（個人採掘者）が砂礫層の採掘を始め、ダイヤモンドラッシュが起こり、南アフリカが世界のダイヤモンド生産地の中心となった。１８７１年、農夫のデビアスは、自分の農場の黄色土壌から大粒ダイヤを掘り出して、砂礫層に加え土壌も採掘対象となった。デビアスの農場の土壌はキンバリー岩の風化帯であった。

一方、ダイヤモンドの成因の追究もキンバリー岩を対象に進められた。キンバリー岩はマントルから直上する火山噴出岩である。深さ１０００～１４００キロメートルのマントルから時速１００キロメートルというスピードで急上昇し、地表近くで急冷し、ダイヤモンドが保存される。マントルのなかで高温・高圧で形成された炭素からなるダイヤモンドを運ぶマグマの速度が遅いと、地上に来るまでにダイヤモンドは消失してしまう。まだダイヤモンドの成因は定まっていないが、プレートが大陸近くに沈み込みながら堆積物を引きずって、マントルまで運搬される。堆積物には炭素分も水分も含まれる。これらからマントル内で含水鉱物が形成され、余分の炭素がダイヤモンドになる、という説が有力である。なお、深さ１４００キロメートルのマントルで含水鉱物が存在し得る環境を日本の研究者がつくりだし（東京新聞２０１４年2月3日）、この説を裏付けている。

世界のダイヤモンドの埋蔵量は１２０トン、生産量は２０１８年では25トンであり、生産量の20％が宝石用で、そのほかはほとんどが研磨、ドリルの刃など工業用である。

ダイヤモンドの探査方法はすでに確立しており、赤いザクロ石を含むキンバリー岩を探しあて、次にダイヤモンドの存在を確認する。キンバリー岩は、数十のキンバリー岩のパイプ群を構成し、このなかでダイヤモンド鉱床を形成しているのは一本程度である。

〈デビアス社の戦略〉　「なぜ、ダイヤモンドは希少なのか」「なぜ、高いのか」と、疑問を持つ人も多い。「希少にして高値で販売する」というデビアスの戦略のためである。

英国人セシル・ローズは、１８８1年に農夫の名前を使いデビアス社を設立し、キンバリー周辺の1鉱区10平方キロメートルと細分化された５００鉱区を安く買いたたき、統合させ、地域全体を支配し、ダイヤモンド原石を独占した。原石を一手に抑える、という「原石ビジネス」を成立させていった。ジュール・ヴェルヌ『南十字星』（中公文庫、１９７3年）は、キンバリー地域で紛失したダイヤモンドを追う科学小説であるが、それが書かれた頃とローズの独占体制構築の頃と時代は一致し、小説の鉱山主はローズのようであり、当時の鉱山の様子がうかがえる。

オッペンハイマーは、金鉱山事業を手掛け、今では資源メジャーとなっているアングロ・アメリカン社を設立した。もうけた金でダイヤモンド事業に乗り出し、ユダヤの資本を得て、安い価格で売り、デビアスの独占体制を崩した。１９２9年にデビアスの大株主となり、敵対関係にあったデビアスは完全にオッペンハイマーの軍門に下った。

オッペンハイマーのデビアスとなってから、戦略はより明確となり、ダイヤモンドビジネスの世界支配に向かって進んでいった。「原石支配」はむろんのこと「ダイヤモンドカルテル」をつくり、カルテルに入らない鉱山を徹底的に潰し、原石からカットされた製品の販売までの「デビアスシンジケート」を強化させた。ダイヤモンドを高価格に保ち、「ダイヤモンドは高級」というイメージを創出していった。マーケットをコントロールし、鉱山からの生産が過剰となれば供給量を調節させ、カルテル以外から原石がマーケットに流入すれば、「戦争も引き起こしていく」という戦略でビジネスを展開していった。

デビアスから直接原石を買いつける権利を持つ企業をサイト・ホルダーというが、デビアス以外から買ったことが発覚すれば、サイト・ホルダーから締め出された。またサイト・ホルダーはデビアスから〝いいもの〟と〝わるいもの〟が混ざり合うダイヤモンド原石の入った箱が渡される。これを購入する以外に選択の余地はなく、渡されたものをカットして売っていく、という強制的なシステムである。

また、デビアスは広告を重視している。年2億ドルを広告費にあてるという。すでに慣用句になっている「ダイヤモンドは永遠の輝き」は、あらゆる広告のなかで最高の出来だ、と世界で絶賛されている。ミレニアムキャンペーンは「次の１０００年も彼女を愛することを伝えましょう」と、巧妙に語りかけ、原石の売り上げを前年に対し44％増やした。

〈原産地証明と鉱業法〉　１９９９年に内戦状態にあったアフリカのシエラレオネ共和国を舞台に、ダイヤモンドの密輸を手がける元傭兵を主人公にした映画『ブラッド・ダイヤモンド』（監督エドワード・ズウィック、２００６年制作）は、血のダイヤモンド（戦争ダイヤモンド）の実態を描いている。反政府軍の資金となるダイヤモンドを、強制連行した村人に採掘させる。漂砂鉱床の採掘場の様子もリアルに見せている。戦争ダイヤモンドを映像で理解できる。

アフリカのダイヤモンド産地では、アンゴラをはじめ、コンゴ民主共和国、シエラレオネ、リベリア、コートジボワールなど1990年代から2000年にかけ紛争が続いた。戦車や武器を買うため、農民に過酷な労働で漂砂鉱床からダイヤモンドを採取させ、ブローカーに売って巨額な資金を得ていた。ダイヤモンドはリベリアへ持ち込まれ、非合法から合法ダイヤモンドへとロンダリングされる。

しかし、1990年代末から国際社会、特に欧米で戦争ダイヤモンドが批判され、報道の攻撃に曝《さら》され、ダイヤモンド業界は混乱した。イメージを大切にする宝石業の販売不振、不買運動に発展しかねない状況となっていった。そして2003年に国連に承認され、70か国以上の国が参加して「原産地証明制度」が発足した。参加国政府は証明書発行の義務を持つ。証明書のないダイヤモンドの取引は違法とされる。

これらの内戦はデビアスが原石を支配するために仕掛けていった〝ダイヤモンド戦争〟だった、とのうわさもある。これらの紛争とデビアスのカルテル終結と原産地証明発足の時期が、不思議にも同じ頃である。

デビアスは、戦争に関係したダイヤモンドからいち早く遠ざかった。業界を批判する人と一緒に、戦争ダイヤモンドや非合法ダイヤモンドの批判をする側に回った。ちょうどミレニアムキャンペーンの２０００年頃で「違法ダイヤを扱ったものは取引停止」とまでいうようになる。カルテル終結宣言とともに自社の鉱山からのダイヤモンドの研磨済み完成品だけを限定販売し、デビアスのロゴと連続番号を完成品に刻印するようにした。

原産地証明書制度発足から15年以上たつが、まだまだ違法採掘で闇取引がされている。違法ダイヤモンドは今も後をたたない。原産地証明書だけでは十分ではなく、企業秘密となっている原石の品質を開示していかなければならない。開示されれば、微量成分分析によって原産地を特定できる。また、どこの国の鉱業法も原産地証明書について全く触れていない。誰も原石から非合法か合法かは見分けられないため、原産地証明書のみであれば、闇ダイヤの合法化も難しくない。品質を明記するよう鉱業法で義務づけることも今後必要になっていくだろう。

ダイヤモンドは豊富にある。すべての倉庫のダイヤモンドがマーケットに放出されれば、途端に値が下落する。安いダイヤモンドが出回れば〝違法ダイヤモンド〟はなくなっていくだろう。原産地証明書も不要になるに違いない。「１００ドルで永遠の輝きを！」というコピーも現れるかもしれない。よりダイヤモンドが身近になるだろう。しかし、ダイヤモンドの高貴な輝きは、価格に関係なく不変である。

第3章　エネルギーの行方

1　送電は銅線から無線へ

〈現実味を帯びる〝無線送電〟〉　「宇宙太陽光発電に向けたワイヤレス送電実証試験に成功」と報じられた（Engadget　2015年3月17日）。500メートルの距離で10キロワットを送受電したのだが、無線送電に向かい一歩前進である。

宇宙太陽光発電は生産された電気を波長の短いマイクロ波に変換して無線で地上に送信し、地上で電気に再変換して利用する方法である。政府が「宇宙基本計画」の重要プロジェクトの一つとして2013年から推進している。2040年代の実用化を見込み経済産業省が中心となり研究開発を進めている。

宇宙太陽光発電システムは、無線送受電技術の開発が前提となる。環境負荷がなく、クリーンなエネルギーであり、脱化石燃料化になる。電気が無限に取りだせるため、水素エネルギーとともに未来のエネルギー源として期待されている。

地上での電力伝送実験で無線送電が可能になれば、長距離電線の敷設を不要にする。送電に使われている電線は銅線であり、20世紀から本格化した〝電気の時代〟は、銅の時代でもある。〝直流〟を〝交流〟に変換し、長距離送電によって都会や市街地への給電に銅線を使い、家電も電子機器も銅線によって電気が流され、便利な電化生活の基盤が築かれてきている。

宇宙太陽光発電は宇宙空間に縦横2～3キロメートルという巨大な太陽光パネルを浮かべ、電力を地上に無線送電するシステムである。宇宙空間での隕石《いんせき》やスペースデブリ（宇宙ゴミで人工衛星などの破損物。衛星軌道を周回）の衝突による破損の可能性があり、また宇宙太陽光発電の設備の運搬や地上での受電システムなど克服すべき課題も多い。しかし、地上での無線送電は宇宙からの送電に比べて技術的困難さは少ない。電子レンジで発生させるマイクロ波を流すため、「無線で電気を送れば焼き鳥のように丸焼けになってしまうよ」と危険性を指摘する人もいるが、マイクロ波の研究者は「施設に一般人が立ち入らないよう管理すれば問題はない」（東京新聞2015年3月14日）という。

宇宙太陽光発電が可能になれば、クリーンで膨大なエネルギーを手に入れることができ、地球温暖化問題への有力な解決法となるが、「宇宙太陽光発電は実現性が低く税金の無駄使い」という声も少なくない。

〈〝電気の時代〟を支えてきた銅資源〉　世界の銅の需要は年間2000万トン、米国や日本、欧州ではインフラが発達し、すでに減少している。中国の旺盛な需要増が持続しているため、世界全体では年々微増し、チリ、ペルーなどで大型銅鉱床の探査開発は活発である。20世紀の初め、世界全体の銅の年間生産量は100万トンであったが、100年で20倍にも増加した。インフラの発達、工業化、電化によって銅の需要が幾何級数的に増加し、積極的に技術開発がなされている。

銅の需要の五十数％は銅線で、中国、ブラジル、インド、東南アジアのインフラ整備に関係し、その需要は今後も増加していく。2005年に始まった資源ブームの頃、銅価格は2000ドル／トンだったが2011年には8000ドル前後と高レベルに達し、世界中で銅鉱山開発がブームとなった。しかし、2013年頃から価格の下落が始まり、2015年で6000ドル前後、2018年では6000～7000ドルと大きな変化はない。世界的に大型鉱山の開発が少なくなるなかで、〝銅の時代〟の最後の新規大型鉱山となるかもしれない世界最大級の銅鉱山、モンゴルのオユトルゴイが開発され、2014年に生産に入った。

銅の需要は現在、過去最大である。世界の銅の埋蔵量は銅金属量で7億トン（米国地質調査所、2015年）で、今後の埋蔵量や生産量の増加を見込まなければ、2018年末現在で35年分の寿命となる。需要の増加が持続していけば、資源確保の問題は緊急性を増し、経済性に乏しい低品位鉱床を開発対象とせざるを得なくなっていく。すでに低品位鉱床の探査・開発は始まっている。

日本では18世紀中頃から全国的に銅山が開発され、輸出産業として基盤を築き、明治時代までは世界有数の産銅国であった。明治維新後の銅鉱業は殖産興業の柱となり、銅を輸出し、技術・設備を近代化させた。銅は貨幣材料であったが、日清戦争後、電信電話事業、銅加工業の発達、電話施設の拡張、長距離電話線の敷設、軍備拡張で電線の需要が増大した。さらに通信線の需要に加え、電灯の電線についても市場が拡大し、本格的〝電気の時代〟となっていった。国内需要は1991年がピークで、その後製造業の海外シフトや国内景気の停滞などで減少を続けている。1994年には日本最後の銅鉱山が閉山し、銅鉱山はなくなった。一方、銅製錬所の能力は2002年に180万トン／年に達した。銅鉱石（精鉱）は100％輸入し、銅を製錬して年150万トンほどの地金を生産し、100万トンの国内消費の残りは中国やアジアに輸出している。

世界中で銅の資源が乏しくなってきたため資源争奪状況は続く。日本政府は資源外交を強化し、銅の資源確保に力を注いでいるが、なかなか結果に結びついていない。

このように埋蔵量が少なくなる状況のなかで、無線送電は電線の減少をもたらし、資源確保の必要性を緩和させるだろう。

〔宇宙太陽光発電は実現するか？〕　発電所から工場や家庭への送電のための電線の利用は、19世紀後半以来、今も基本的には変わっていない。セルビアの発明家ニコラ・テスラ（1856―1943）は、交流を発明し、長距離送電を可能にし〝電化の時代〟の基盤をつくった。携帯電話の無線通信の基礎も築き、さらに電離層の反射を利用する無線送電を構想した。その構想から100年後の2007年、マサチューセッツ工科大学で無線送電で2メートル離れた60ワット電球の点灯に成功した。テスラの構想が宇宙太陽光発電にも結びつく可能性はある。

宇宙太陽光発電は、地上3万6000キロメートルの静止軌道に設置する太陽光発電設備から、地上の受電装置へ原発一基分に相当する100万キロワットを無線で送電する。この無線送電技術開発を宇宙航空研究開発機構（JAXA）、宇宙システム開発利用推進機構（J-spacesystems）、三菱重工業が担っている。JAXAは2015年3月8日、1・8キロワットを55メートルの送電で、300ワットの電力の変換に成功した（JAXAとJ-spacesystemsによる共同開発）。また、三菱重工業の冒頭の実証実験では、10キロワットの電力を500メートル送電することに成功している。

マイクロ波は衛星テレビ放送、マイクロ波通信、レーダー、マイクロ波加熱（電子レンジ）、無線通信や兵器としても利用されるなど応用範囲は広い。

無線送電技術の開発への課題は多々ある。その一つは、「精度と安全」である。電力から変換されたマイクロ波ビームを地上の的（受電装置）にピンポイントで正確に送電できなければならない。「ビーム方向制御技術」も開発中である。3万6000キロメートルという宇宙から地上への送電は、高い精度の制御が要求される。生物への照射という危険な事態を避けなければならず、安全な送電が保障されなければならない。

また、宇宙太陽光発電衛星の重さは2万5000トンになるという。発電衛星を部品にわけ1回に宇宙に運搬できる現在の能力は最大で30～40トンであるため、600回以上の打ち上げ回数が必要となる。40トンの打ち上げ能力を持つロケット自体も開発対象になる。太陽光発電設備もロケットも小型化・軽量化が必要だ。

さらに現在、4500トンのスペースデブリが存在し、秒速8キロで飛んでいる。直径が10センチほどあれば宇宙船は完全に破壊されるという。米国とロシアでスペースデブリの監視が行われ、登録された10センチ以上の大きさのデブリだけでも9000個もあり、1ミリ以下の微細デブリを含めれば数百万個以上周回している。宇宙は決して〝夢の場所〟ではない。

このスペースデブリの対策のため1993年に米国・ロシア・中国・日本（JAXA）など12か国が参加し「機関間スペースデブリ調整委員会」（IADC）が設立され、2007年にスペースデブリ軽減のためのガイドラインを発行した。現在はこのガイドラインに従いデブリを増やさない努力が行われている。

宇宙太陽光発電システムは環境負荷もなく無限に電力が得られる、未来の基幹エネルギー源として期待されているが、隕石《いんせき》やデブリによる脅威に曝され、また送電への微妙な姿勢制御が求められるなど解決には時間がかかる。さらに発電設備の老朽化により使用後はデブリになっていく。

これらの問題を考えると宇宙太陽光発電の2040年実現は困難だろう。

〈無線送電の時代〉　無線送電は、電送距離が1～2メートルと短く、電力が小さいコードレス電話・電気シェーバー・電動歯ブラシなどの家電は、すでにワイヤレス電力伝送とも呼ばれ利用されている。これらは電波法、電波法施行規則によって、使用条件・安全性・送電電力・距離などが定められている。このような家電などの場合は安全性が具備され、送電電力50ワット以下、電力伝送距離数メートル以下と規定されている。

しかし、現在の電波法は通信を対象としているため、家電以外は無線送電に関する規定がない。長距離無線送電の実用化には、人体防護、設備の利用条件、危険回避の方法などの法整備が必要となる。とくに無線の電力伝送区間内やその近傍に対する人体への安全対策や健康への影響の保障も必要だ。送電の実現化に向け地域・場所・利用周波数など技術的な検証実験に基づき法整備が行われるだろう。

すでに500メートルで10キロワットの送電は実証されている。電線からの解放もそう遠くないと考えられる。早ければ5年程度で無線送電実用化に至るかもしれない。実用化に至れば、洋上風力発電の陸地までの無線送電も簡単になる。「海底ケーブルが不要になり、維持補修コストの削減」も可能になる（産経ニュース2015年3月30日）。さらに送電能力が向上すれば、インフラが整備されていない砂漠地域への送電や、地震や大雪に見舞われた自然災害地域への電力供給の復旧などにも利用は広がる。

なお、米国や欧州・中国などで直流による長距離送電への投資が急速に進んでいる。日本でも2015年から直流の送電網整備事業が始まっている（国立研究開発法人新エネルギー・産業技術総合開発機構：NEDOによる事業。2020年まで予定）。送電網を直流にすると送電ロスを大きく減らせる。太陽光発電や風力発電、日常的に使っている電気製品も直流を使うため、無線送電と組み合わせれば効率の良い直流送電網構築につながる。

無線送電によって電線の需要は減少し、銅の需要も影響を受ける。市街地での無線送電の技術開発や安全対策によって、〝無線の時代〟へと移行していけば、銅の資源ライフ35年も心配は不要になるだろう。

これからはローカルな自然エネルギーからの電気を増加させ、無線送電で送電のロスを減らし電力消費を削減しながら、余剰電力の利用のため蓄電技術を発達させ、水素社会につなげ、地球環境の悪化を食い止めなければならない。

2　本格的水素社会は遠い

〈究極のエコ?〉「水素はどこにでもある」が、水素を手に入れようとすればそう簡単ではない。燃料電池車は水素を燃やして電気に変え、モーターを動かす仕組みであり、燃えカスの水素は水になるため、二酸化炭素ゼロであり「究極のエコ」といわれている。

しかし、世界中の水素は90%が天然ガスから製造されている。水素製造の過程で二酸化炭素（CO_2）が排出されるため、水素を取るだけであれば大気中の二酸化炭素量は増加する。水素を取り出す原料は化石燃料資源が主体であり、石油・天然ガス・石炭である。また、バイオマス発電・太陽電池や水力発電・風力発電から得た電気を利用して、水を電気分解して水素を製造するなど多様な原料ソースがある。この場合、「電気をつくってその電気を電気分解に利用する」という二つのステップを必要としており、コストと手間がかかり、結局、化石燃料からの水素製造が手っ取り早いようだ。まだ水素の燃料電池の歴史は浅く、有効な水素製造の方法は、化石燃料を除けば技術開発の途上にある。水素原料を化石燃料に依存しなければならない、というのが実態である。

〈〝水素資源〟の可能性〉

水素は宇宙で最も豊富にある元素で宇宙の質量の75%である。地球表面の元素では酸素・珪《けい》素に次いで三番目に多い。元素の割合を質量パーセントで表すクラーク数では九番目となる。無尽蔵といってよいエネルギー資源である。地球上のほとんどの水素資源は海水にある。大気中にもあるにはあるが、ごく微量で、存在していないといってもいい。

水素を気体として分離して発見したのは１７６６年であり、まだ３００年に満たない。水素は常温・常圧では無色無臭の気体で、軽く、燃えやすく、爆発しやすい。水素は大量に貯蔵でき、化学燃料または化学工業原料となる。しかし、水素が化石燃料に代わるエネルギーとして大量に流通するようになるまでには、まだまだ研究開発が必要だ。

世界の水素生産量は年間約５０００億ノルマルリューべ（Nm^3。０℃・１気圧の標準状態を示す）で、化石燃料資源を原料として「水蒸気改質型水素製造装置」によって生産される。生産量の約40%がアンモニア合成に使用されるほかは、約20%が石油精製時に消費されている。日本では年間150～200億Nm³を消費し、世界の2～4%ほどを占める。

水を原料として製造した場合、水素から電気をつくり使用後には再び水になるため「循環型のエネルギー」で究極のエコエネルギーになる。

米国海軍研究試験所は海水を直接燃料に変える技術開発を行っている（AP通信2014年4月8日）。海水は莫大にあるため、もし実用化されれば「海水燃料がもたらす大変革」となる。これは海水から二酸化炭素と水素を取り出し、炭化水素の液体燃料に変化させる。すなわち海水の電気分解によって二酸化炭素と水素を集め、触媒（触媒式排出ガス浄化装置）を通して気体を「液体炭化水素」へ変質させるという二段階のプロセスである。水素と炭素を含む有機化合物が生成され、燃料に変えられる。この新しい〝海水燃料〟は、1ガロン（約3・8リットル）当たり3～6ドルほどのコストがかかると見られている。

なお、空気中の酸素と反応させて水を生成しながら発電する水素―酸素型燃料電池は、すでに19世紀中ごろにイギリスで実験的成功を収めている。20世紀には宇宙開発によって技術開発が進んだ。燃料電池は発電効率が35～60%と高く、環境負荷も極めて小さく、クリーンである。実験成功から150年が経過し、水素社会の姿に具体性が帯びてきたようだ。

〈山積する課題〉　水素社会はいいことずくめで〝バラ色の世界〟のように伝わっている。しかし水素の製造・貯蔵・運搬・供給・利用まで、すなわち原料から消費まで総合的に、〝サプライチェーン〟としてつなげていかなければならない。まだスタートしたばかりで、課題は山積している。この各プロセスのどれをとっても根本的な解決はこれからである。

製造は、化石燃料資源を原料とすれば、資源確保が不可欠となる。製造時に発生する炭酸ガス（気体）を回収して地中などに貯留しなければならない。集中発生源から二酸化炭素を回収・輸送・貯蔵する技術は一部実用化されているが、二酸化炭素の低コストでの分離、長期にわたる安全性・安定性の確保、貯留量の増大、回収率アップなど課題も多く、まだ試験実証段階にある。

化石燃料資源から水素をつくる場合も、自動車などのガソリンを燃やす場合も、二酸化炭素を排出すること自体は変わらない。また、海水からつくる水素にしても、電気分解のために電気が必要となる。また「太陽光で水から水素」（朝日新聞２０１４年11月14日）と報じられたが、太陽光発電と水の電気分解の組み合わせであり、既存技術のシステム化にすぎない。

水素の貯蔵も圧縮するか液化するか、いずれもすでに技術はある。常温常圧での貯蔵技術は開発途上であり、マイナス２５３℃の極低温での液化水素の輸送は断熱タンカーやタンクが必要であり、現在専用船が開発中である。水素貯蔵材料は、アルミニウム・マグネシウム・シリコン合金などが開発されているが、水素は金属を脆《もろ》くするため、高圧ガスを密閉するための安全で最適な材質の開発が必要となる。また、金属材料は輸入するかリサイクルによる安定確保が課題となる。燃料電池の酸素と水素の反応を促進させるためには白金触媒が使われる。燃料電池車では1台当たり平均50グラムの白金が使用されるが、白金の費用だけでも25万円／1台とコスト高となる。埋蔵量も十分にあるわけではないため、白金の確保は簡単ではない。白金の減量化や低コストの触媒の技術開発が進められている。

このように、技術開発がそれぞれのプロセスで進んでいる。しかし、水素製造の際の脱化石燃料が、水素社会構築の前提だろう。これをクリアする技術として、太陽の光を当てるだけで水から水素が取り出せるという触媒（光触媒）が東京工業大学で研究されている。この水素製造法が実現すれば、化石資源に依存しない本格的水素社会の構築となる。膨大にある水資源の利用が可能となり、エネルギー問題も地球温暖化問題も解決する。

〈〝水素社会〟までは100年〉「水素社会」構築は日本経済の将来の活路となり得るものの、現状では化石燃料資源への依存は避けられず、石油の価格変動で水素価格も乱降下しかねない。

ＪＸ日鉱日石エネルギー（株）は2015年、水素の価格を1キログラム1000円と設定したが、「採算は厳しい」と水素製造メーカーはいう。1リットルの走行距離に換算すれば、水素はガソリンの倍ほどの価格になるからだ。化石燃料資源を水素の原料にすれば、水素価格は高くなり、価格は安定しない。水素社会の実現には化石燃料資源を用いない水素製造技術でなければならない。

また、化石燃料資源、再生可能エネルギーや水力によって発電した電力で水素を製造するにしても、現時点では余剰分の電気の利用であり、電気の生産・電気分解という二度の手間がかかる。これではコスト的にも効率の面からも、水素の大量生産に適当な方法とはいえない。

水素社会への期待は大きく、技術開発の課題は多い。自動車・船舶・重工・電力・ガス・石油などの様々な業界分野が関与する。ドイツは２０１８年に水素燃料電池列車の運転を開始した（東京新聞２０１８年10月）。世界初である。「環境に優しい」近未来型列車である。〝水素電車〟だ。日本は燃料電池関連の特許の６割を持つ。水素を燃料にする電池の技術開発で世界のトップにいるものの、電車でドイツに先を越された。

各分野ともいっせいに〝水素ビジネス〟に向かい始めたものの、「水素社会」になっていくには１００年はかかるだろう。夢の水素社会実現には「日本のどこにでもたくさんある資源」から「水素を大量につくりだせる」技術開発が重要だ。

３　蓄電時代のリチウム資源

〈〝電気を貯める〟時代へ〉　電気を「つくり」「使う」ことによって、私たちの社会文化生活が成り立ち、暮らしを豊かにしている。生産された電気は必ず消費される。余剰の電気が生ずれば、放電などで無駄になってしまう。一定の周波数と一定の電圧を保つには、発電量（生産量）と消費量が一致していなければならない。しかし「電気が貯められれば」電気をつくる発電方法も違ってくる。

地球温暖化防止のため、CO_2を削減しなければならない状況に今ある。太陽光発電や風力発電などの再生可能エネルギー政策が推進されているが、これらの発電は天候に左右されるため、電気の貯蔵設備があれば得られた電気は有効に使える。貯水池のように電気を貯め必要なときに使え、減れば補充できるような〝蓄電池〟があれば、無駄な電力消費を防ぎ再生可能エネルギーの価値が一層増す。

電気の最大の欠点は「蓄えにくい」ことだ。１７４５年オランダ、ライデン大学のミュッセンブルークは摩擦電気で起きた静電気を貯める「ライデンびん」を発明した。以来、「電気を貯める」という重要な技術課題への研究がなされてきている。

一方、二次電池といわれる充電のできるリチウムイオン電池は「小さいが、たくさんの電気を蓄えられる」という特徴を持ち、発生エネルギー当たりの燃料容積が多く、継ぎ足し充電ができ、小型で軽いため携帯用機器の電源に最適といわれている。

すでにエコカーの電気自動車はリチウムイオン電池を動力とし、商業化され普及の時代に入り、水素を燃料とする燃料電池車に先駆けて市場が拡大してきている。

アルゼンチンの塩湖のリチウム資源に、日本企業はマイナーシェアながら投資を行い、生産が開始された。「リチウムの時代」が見え始めた。〝電気の原料〟を再生エネルギーに限定すれば、電気自動車は究極の「エコカー」になっていく。

〈リチウムの埋蔵量は莫大〉

リチウム（Li）は地球上に広く分布する。地殻中で25番目に多く存在する元素であり、反応性が非常に高く、化合物として存在し、単体では存在しない。比重は水より軽く、全金属元素の中で最も軽い。1800年にブラジルの化学者ジョゼ・ボニファシオ・デ・アンドラーダ・エ・シルヴァによって、リチウムを含有した葉長石（$LiAlSi_4O_{10}$）が発見された。

リチウム資源は大陸の塩湖やかん水にリチウムイオンとして存在するか、リチウムに富むリシア輝石や葉長石などリチウム鉱物が濃集した鉱石でマグマ性の脈状鉱床を形成して存在する。塩湖のリチウムは、周辺の温泉と関係し、現在リチウム資源が回収されているチリのアタカマ塩湖のそばには火山活動にともなう地熱地帯が存在する。米国でもシルバー・ピーク塩湖はリチウムに富み、周辺の火山の岩石から溶脱されたリチウムが、温泉水や河川水によって塩湖に運搬され、乾燥気候下の蒸発により濃縮され、リチウム濃度の高いかん水が生成された、と考えられている。またセルビアにはリチウム鉱石資源が存在し、開発の検討がなされている。

世界のリチウム資源の埋蔵量は莫大で、3950万トン（米国地質調査所、2015年）のうち、塩湖のリチウム資源が70％、マグマ源のリチウム資源が30％である。最大の資源保有国はチリ、次いで中国、豪州などが主要資源国である。塩湖のリチウムは、リチウムに富むかん水から抽出している。年間の生産量は世界全体で3万6000トン（Li量）であり、豪州、チリ、中国の順となっている。年間の生産量から見れば、埋蔵量は無尽蔵ともいえるほど豊富にある。

また、海水中にも2300億トンのリチウムが含まれている。海水からリチウムを回収する技術も試みられている。海水中のリチウムを濃縮するためには大量の海水が必要であり、高効率・低コストの回収技術の確立は今後の課題である。

なお、アルゼンチン北西部フフイ州にあるオラロス塩湖の豪州企業のリチウム事業に豊田通商は25%出資している。予定より3年遅れの2014年12月に生産が開始された。アンデス山脈の高山は寒く乾燥した気候のため、塩の結晶化などのトラブルが発生しており、生産はまだ軌道にのっていないようだ。炭酸リチウム換算で年間1万7500トン（リチウム換算で3000トン）の本格的生産は2020年を見込んでいる。

将来、電気自動車用リチウムの需要が増大しても資源不足の問題はない。多様なリチウム資源があり、まだ探査の歴史も浅い。日本にはリチウム資源はないためか、鉱業法ではリチウムは対象外である。

〔エコカーの中心となった電気自動車〕

電気自動車は、電気を動力とし、電気を貯めた「電池」を搭載する。水素自動車（燃料電池車）は、電気の原料となる水素を搭載し、水素と酸素を車の設備内で反応させ、電気をつくり動力とする。いずれも排気ガスは出ない。

電気自動車の歴史は、1830年代にスコットランドの発明家ロバート・アンダーソンが充電不可能な電池を搭載した世界初の電気自動車を発明したことに始まる。最初のガソリンエンジン車は1891年であり、電気自動車のほうが歴史は古い。1899年には時速100キロメートルを超える速度の電気自動車がつくられた。しかし、走行距離が短いなど性能が劣っていたため、ガソリン車の時代になっていった。電気自動車に搭載する電池は、鉛蓄電池からニッケル水素電池などへと技術が進歩していたが、電気容量の小ささは電気自動車利用への壁となっていた。

石油の供給不安や都市部での大気汚染の深刻化で、排気ガスの出ない電気自動車が見直されるようになった。電気自動車の走行距離、充電時間、耐久性や車両価格などの問題は、リチウムイオン電池がパソコンなどモバイル機器での利用により普及し、リチウムイオン電池が電気をたくさん貯められるようになったことや、性能が向上してきたことにより克服されてきている。またガソリン車とリチウムイオン電池電気自動車の両方の機能をそなえたハイブリッドカーは、一般大衆車へと広がり、今ではエコカーの中心となっているもののガソリンを使うため、将来的にはリチウム電池の電気自動車となっていくだろう。

〈リチウムイオン電池の課題〉　電気自動車のリチウムイオン電池は小型化・軽量化し、容量も増しており、いつでも充電ができ充電可能回数も1000回を超える。利用時以外の自然な放電（自己放電）も少ない。しかし、リチウムイオン電池は強力に電力供給するように設計されており、もし電池に欠陥があるとショートなどで高温の熱を発する場合があるため、危険物として扱われる。このため、

「リチウム電池国際規則」によって出荷方法や輸送・梱包方法が規定されている。

また電気事業法では、「蓄電設備」は「発電そのものは行っていない設備であっても、二次電池などで放電時の電気的特性が発電設備と同等である場合、系統に与える影響を考慮しなければならない」ため、「電力品質確保に係る系統連系技術要件ガイドライン」の適用範囲に含まれる。また「電気用品安全法施行規則」の適用を受ける。したがって、家庭用蓄電のためにリチウムイオン電池を使えば電気事業者と同じ扱いになる。

リチウムイオン電池はまだ高価であり、大容量化させれば危険性があるとの指摘もある。太陽光発電や風力発電と組み合わせてリチウムイオン電池を蓄電設備として利用していくためには、電池価格の低下と安全性の確認と法整備がなされなければならない。

まだリチウムイオン電池の利用の歴史は浅い。フィルム状のリチウム電池も開発されており、リチウムイオン電池の用途拡大はこれからだ。

第4章　環境問題の行方

1　化石燃料が炭素循環を破壊する

〔生命活動に不可欠なCO_2〕　二酸化炭素（CO_2）は、人類を含めた生物活動や自然現象によって大気中にあふれている。CO_2は空中にとどまりながら、陸上では植物の体内に炭水化物として炭素が固定され、また海中に溶け込んで石灰質生物の骨格などに固定され、石灰岩となっていく。

炭水化物は炭素Cと水が結合した有機化合物で$C_mH_{2n}O_n$で表される。植物は日中にCO_2を吸い葉緑体で光合成を行い、炭水化物を生産する。CO_2を人為的に多く与えれば光合成が促進され果物などは収穫量が増加する。植物はCO_2を分解して炭素として貯え、水を分解して酸素を放出している。トマトなど野菜は温室の炭酸ガス濃度を濃くすると収穫が増える。

植物は自身の力で炭水化物からブドウ糖をつくり、ブドウ糖を結合させて根・茎・葉といった構造体を構成する「セルロース」をつくり出す。セルロースは繊維素とも呼ばれ、植物細胞の細胞壁と繊維の主成分であり、植物物質の3分の1を占め、地球上で最も多く存在する炭水化物である。植物が朽ち果てれば土壌となり、炭素は微生物の構成物質になったりCO_2になったりして土壌の中に存在する。このように植物の炭素固定化の役割は大きい。

すでに述べたように、炭素は有機物の基本骨格をつくり、生物の構成元素となっている。人間もタンパク質・脂質・炭水化物などからなり、これらを構成する原子の過半数が炭素であるため、人体の乾燥重量の3分の2は炭素である。生命活動でのCO_2は重要で不可欠である。

〈化石燃料も炭素化合物〉　社会経済活動で欠かせない化石燃料資源は、石油・石炭・天然ガスなどの炭素化合物である。これらは主に古生代に大気中に過剰に存在したCO_2を植物や生物に固定化した産物である。燃焼させエネルギーとして利用するとCO_2が発生し、地球温暖化に影響を与える。

これまで空中に排出されたCO_2は分解され、炭素や炭素化合物として植物・生物・岩石・鉱物（孔雀石《くじゃくせき》、菱苦土鉱《りょうくどこう》など）に固定され、これら自身もCO_2を排出したり、炭素化合物として水に溶けたりして、長い時間をかけて循環し、地球のシステムを通して自然のバランスが保たれてきた。

しかし、近代化による過剰なCO_2の排出は、このバランスを崩しかねない状況にある。温室効果ガスにともなう温暖化に関係する異常気象はその表れで、地球規模の災難になっていく可能性が高まっている。

〈化石燃料が炭素循環を破壊する〉　大気中に放出されたCO_2は、地球の上空・地上・地中・海中で姿を変化させ、再びCO_2になって放出される、という炭素循環システムが成り立っている。そのCO_2を構成する炭素に注目すれば、どのような姿になっていくか〝変化〟をとらえることができる。
しかし、この変化は気の遠くなるような時間のなかで行われている。植物になり、その植物が炭素からなる石炭になる。海中の微生物も炭素がその構成元素であり、海底に埋没し、石油に変わっていく。炭素はあらゆる生物の構成員となるが、石灰岩のように無機物の構成員にもなる。また海中のCO_2が海底堆積物とともに海底を移動し、海溝に沈み込みながら含水鉱物と一緒にマントルまで到達するものもあるという。マントル内で高温・高圧を受け、ダイヤモンドになり、やがてキンバリー岩などに含まれて地上に噴出する。このように炭素はそれ自体でも存在し、変化しながら46億年の地球の歴史を通して、プレートテクトニクスや気候システムなどを構成する地球システムのなかで循環している。

しかし、人為的な行為がこのシステムを狂わしている。

すなわち毎年化石燃料の燃焼や森林破壊などで炭素換算89億トンのCO_2が排出され（このうち化石燃料からが78億トンを占める）、陸上で26億トン、海洋で23億トンが吸収される。差し引き40億トンのCO_2が過剰となり空中に残留する。それが、現在の大気中の累積残留量2400億トン（2015年現在）に毎年加わっていくことになる。

CO_2の排出量と気温上昇は比例関係にあり、このまま排出量を減らせなければ確実に自然の営みは元に戻らなくなってしまう。大気中のCO_2濃度は今400ppm（0・04%）に達している。

あと２４５０億トンが、気温上昇を2度以内に抑える限界量とされている。40億トンが毎年残留CO_2に累積していけば、60年が限界であり、２度上昇した場合どのような異変が起こっていくのか、予測はなされていない。もう異変は始まっているが、いつ破滅的システム破壊が起こるのか、人類にとって未知の世界である。

〈CO_2の回収・貯留を急げ〉　今すぐに化石燃料の使用をやめると、社会経済活動、生活は成り立たない。しかし、法律で化石燃料の利用を制限したり、CO_2の回収・貯留を進めていかないと、人類の存続自体が危ぶまれる。

「日本は世界トップクラスのCO_2回収技術」を持っており、CO_2を地下に埋めるCCS（CO_2回収貯蔵）は日本企業にとってのビジネスチャンスという。ノルウェーでは北極海の海底ガス田の天然ガスに混じって採取されるCO_2を海底下貯蔵の実証事業として進めており、カナダでも実証事業が行われた。日本でも苫小牧沖で実証事業のための調査が行われ、２０１６年からCCSの実証実験を開始している。Mg（マグネシウム）かCa（カルシウム）とCO_2を反応させて鉱物化することも考えられている。

また、ガス田でのCO_2分離は進んでいるが、天然ガスを燃焼させて発生するCO_2を回収しなければ、現状は大きく変わらない。米国では石炭火力発電所で発生するCO_2回収の実証事業が行われ、拡大する傾向にある。日本企業の回収技術も使われている。

ＣＣＳにともなう安全面の規制や、貯留するCO_2の基準や異常事態への対応などを含めて、管理・規制など法整備が政府によって進められている。CO_2の発生を管理する厳しい環境規制の法整備は必須だが、ＣＣＳは温暖化対策の現実的な対策の一つである。

２　資源国の砂金採取を守れ

〔インドネシアのカリマンタンで金を探す〕　インドネシアのカリマンタン（ボルネオ島）の港湾都市、バンジャルマシンから北上するバリト川の上流から枝分かれしている幅10メートルに満たない小川の両岸は、鬱蒼《うっそう》と高く聳《そび》えるジャングルの木々で空はほとんど塞がれ、真昼でも暗い。水深数十センチと浅瀬であるため、キャラバンの荷物を積みこむとカヌーが川底をこする。１９７８年ごろカヌーを引っ張りながら上流の地質鉱床の調査をした。インドネシア地質調査所の地質技師、方言の通訳、現地の案内人、雑用の人夫を入れ合計5人の調査隊で、川を上りながら調査をしていく。川底の砂のサンプルを採取し、蛇行する川の屈曲部に露出する岩石を調べ、１週間かけて最上流まで上り、フロントキャンプに帰る。蒸し暑く過酷な調査環境だ。

ベースキャンプを設置した人口３０００人のダヤック族のミリ村は、カリマンタンのど真ん中に位置する。１００人以上が住む長さ数十メートルの高床式の伝統的家屋のロングハウスがバナナの木に囲まれてところどころに立つ。木造の共同住宅である。カリマンタンを取り巻く外洋の沿岸から船で数日はかかるという陸の孤島であり、土着の文化・風習が守られてきている。

この村から連れてきた現地の案内人ウナルディは40歳、働き盛りで、パンニングの名手でもある。大皿を一回り大きくしたパンは砂金採りの道具で、皿である。定点で砂金の賦存を調べる。パンにバケツ３杯の川砂を入れ粗い石を篩《ふる》い、捨てながら、パンを回転させて遠心力を使って軽い砂を外に出す。磁鉄鉱などの重鉱物を分けながら、最後に金属で一番重い黄金色の金の粒がパンの中心のへこみに残るようにしていく。20～30分かけての比重選鉱であり、パンニングという。黒く日焼けした筋肉質の案内人は、硬い黒褐色のウリンの木でできたパンの底を示しながら、「金粒が10粒以上はありますよ」とほほ笑んだ。パンニングは金鉱床を見つけていく有力なデータとなる。

カリマンタンのキャラバンを繰り返しながらのこの金属資源調査は１９７８年に行われたが、残念ながら日本企業はインドネシア政府の要請で初期的な調査を行うにとどまり、その後欧米の企業によってブルカン金山などが開発され、産金地帯となっている。

パンニングは地元住民の貴重な現金収入源である。１粒は０・０２グラムほどで、たいていは微粒である。50粒で１グラムになる。１回のパンニングで数粒がとれる。案内人のような名手であれば、１日で１グラムの金の採取は難しくない。しかしスコールが続いて増水し、川の水に腰まで浸かってのパンニングのため「毎日はできない。しかし運がいいとまれに数グラムとれるときもあるよ」。自信が感じられる。自給自足が基本であるものの、「町からくる服、草履、バケツなどが買える」と自足できないものは現金収入によって得ていく。砂金採取は唯一確実な現金を得ていく方法である。

〔砂金の大量採取で広がる水銀汚染〕

カリマンタンに限らず、このような砂金採取が生活を支えている国は多い。ブラジル、フィリピン、ラオス、カンボジア、ガーナ、タンザニア、エジプトなど国の名前を挙げたらきりがない。金鉱山がある国には必ず砂金があり地元住民の収入源となっている。しかし、このような砂金採取をするにも鉱区の取得が必要となる。多くの国では鉱区を持たない個人の砂金採取は、法的には不法採掘になる。資源国とはいえ、たいていの国の経済は貧しく、失業率が高く、地域社会には生活を支えることができる仕事はほとんどない。地域住民の雇用を用意できない国がほとんどであり、不法採掘は黙認されている、という実態だ。

カンボジアの鉱業エネルギー省のソータン地質調査部長は「地域住民の現金収入源だから力づくで取り締まるのは難しい。しかし水銀で砂金を溶かし、加熱して水銀を蒸発させて金の塊にするため、水銀が空中に拡散する。雨によって空中の水銀や木々に付着した水銀が土壌に染み込んで河川に含まれ、水銀汚染を拡大させている。また地域住民にも水銀中毒患者がいる。環境対策は緊急の課題だよ」と嘆く。

どの国でも水銀汚染問題の解決に頭を悩ましている。個人の砂金採取者はブローカーに砂金を売るため、直接水銀とはかかわらない。しかしポンプ、ホースを使い大量に川砂を吸い上げ、わら縄を編んでつくったむしろを使い、禰古《ねこ》流しのような原始的金採取装置を使って大量採取するグループが増加しており、水銀汚染の原因をつくっている。採取者は自らも健康被害者となっているのだ。さらに川砂だけでなく岸に広がる段丘も水圧ポンプで崩して砂金を採取し、大地を乱掘で荒廃させている。

国連も各国政府も、このような不法採掘者に警告を与え指導しているものの、行政官の人数が少なく砂金採取者が多すぎるため、解決の見通しは立っていない。グループに対して組合のような組織づくりを提案し、水銀を使わない方法を指導しているが、資金が必要であり、一向に進まない。国が厳重管理をしなければ、水銀汚染、乱掘と不法採掘による環境への影響は一層拡大していくだろう。

さらに深刻な問題もある。「２００６年頃から中国人がグループに入り込んできている。大量に川砂と河川の脇の昔の河川堆積物を不法採掘しているよ。カンボジア人とも組んでいるため問題は複雑さを増している」とソータン部長の表情は暗い。

個人で１日１グラムの金を採取し、生活の糧とするぐらいは不法採掘でも黙認できるが、大量採掘となれば、採掘権の与え方に慎重さが要求される。砂金といえども国の財産であり、不法採掘で金が収奪され、中国に利益が根こそぎに持っていかれては自国民の貧困の補塡の役割が失せてしまう。砂金の大量採掘は３～４年で資源の枯渇をもたらす。

〈中国がガーナの金を不法採掘〉　ガーナは年間80トンの産金量で、アフリカでは３位、世界では11位という産金国である。

2013年6月、「西アフリカのガーナで違法に金を採掘した中国人124人を逮捕」とフランスのAP通信は伝えた。ガーナでは鉱業法で外資による砂金採取のような小規模採掘は違法として扱われている。が、砂金の採取は「てっとりばやく、すぐ金になる」ため、ガーナで1万人の中国人が金採掘をしていたという。採掘許可を持つガーナ企業に中国人が大量採掘の重機を貸し、ガーナ企業が採掘しているように見せかけて、実際は中国人が採掘していた。まだこのような採掘が行われている。

金を採掘する中国人の多くは広西チワン族自治区出身であり、2006年から始まったそうだ。金で得た利益は出身地に送金されている。金が採掘されたガーナには利益がほとんど残らない。環境破壊と汚染が広がってしまった。ガーナの産金量の半分は中国人が採掘している。地元の一部のガーナ人は中国人に鉱区を提供し、「甘い汁」を吸ったようだが、多くのガーナ人には得るものがなく、失うものが大きい。

中国は、資源獲得のためガーナでの投資を増加させていて、二国間貿易も拡大している。このような両国間の関係があるため、中国人の大量逮捕は「よほど腹に据えかねた」結果だろう。

逮捕者が出たのはガーナ資本の会社の権利鉱区での採掘であり、表面上は合法だが内容は不法だ。砂金が採取できる国の多くで類似の状況があるようだが、中国に投資を依存する産金国の政府は、中国人のこのような活動を黙認せざるを得ない状況なのかもしれない。

ガーナの中国人逮捕者の多くは不法入国者であり、強制送還されるという。しかし１万人中の１２４人で、１％強にすぎない。ガーナ政府がどのような対策を立て地域住民の現金収入の仕事を守れるのか、アフリカのほかの国にも影響を与えることになる。

〈不法な大量採掘問題に日本も支援を〉

パンニング皿は東急ハンズでも売られている。ネットでも簡単に購入できる。日本は「黄金のジパング」といわれただけあって、江戸時代から１９７０年代まで日本各地に金山が稼行していた。鴻之舞《こうのまい》、佐渡、高玉《たかたま》、持越、土肥、鯛生《たいお》、菱刈、串木野など北海道から九州にいたるまで数百の金山があった。鉱山の周辺の河川でパンニングを行えば、今でも砂金は採取できる。といっても2～3日で数粒だ。

日本では1か月毎日パンニングをしてもせいぜい1グラムという採取高であり、鉱業法には全く抵触しないいし、不法採掘にもならない。生活に直結しない贅沢なマニアの遊びとなっている。したがって金資源を持つ多くの国の砂金採取の問題には疎くなる。ガーナでの中国人逮捕のニュースも英国のＢＢＣは、たびたび伝えていたが、日本ではニュースにならなかった。

この不法採掘の大問題をどう解決できるのか。鉱業法に地域住民しか採掘できない条件を盛り込み、規則を定め、大量採掘は違法とし、外国企業が参加できないようにし、管理システムをつくり、国が砂金の採取者から購入できるようにし、砂金を金塊にするのは国の役割とし、砂金採取者には水銀を使わせないことだ。さらに、個人には期限をつけて採掘対象となる鉱区を指定し、砂金採取の技術を指導し、知識を与え、現金収入の道を維持させていく、という支援によって解決されると思う。こうした支援は不法採掘、環境汚染や格差の阻止にもつながるだろう。

3　資源の世界の権利と義務

〈権利があれば義務もある〉　福島原発事故については、「放射性物質も除去できないで、よくも原子力発電を推進してきた、あきれてしまうよ」と怒りを超えた声が聞こえる。「義務」を果たさず、解決も見えず、巨大な損害を与え、しかも会社が存続し、利益が計上され、国が支援しているという姿を見ると「権利があれば義務もある」という社会の常識が、原発事故で壊されているのではないか、と思う。

原発のこのような無責任さは、最近ではウラン鉱山を除き、鉱業にはあり得ない。鉱業権という「権利」に対し、環境問題を起こさず、環境を保護し、探査や生産活動ばかりでなく、これらが終わった後も後始末をして問題が起こらないよう、「義務」を果たすことを当然のこととして、鉱山や探査会社は遂行している。長い間の技術開発と知識の蓄積の結果、ヒ素も水銀も重金属も汚染防止策を持ち、例え汚染があっても、これらの有害物を除去できる技術を持つ。生産と環境保全を両立させている。

むろん零細鉱山や砂金採取者などは、法律を無視し、水銀汚染を世界中に拡大させている。鉱業権を持たない連中の非合法活動で、目先の金を得ることがすべてのため、除去技術や防止策を使おうという考えは全くなく、安易な方法での金採取をしており、各国政府機関の取り締まり対象となっている。

〔自然汚染と人為汚染〕　自然界には自然汚染もある。鉱石が地表に露出していれば、鉱石が風化し、有害な金属も水に流されながら川の流れとともに僅かずつ移動し、数万年という長い時間をかけながら河床に堆積するか、海水のなかに溶けていく。また鉱石自体が雨に打たれながら金属が溶けて土壌に浸透し、周辺の土壌を汚染していく。ヒ素・水銀・フッ素・カドミニウム・鉛など様々な汚染が確認されるが、自然界の異常濃集値であり、人為汚染に比較すれば、はるかにその量は少なく、人体に影響を与えるほどの汚染ではない。ウランの放射能汚染にしても、自然界から人為的に切り離されない限り、ウラン鉱物として安定しており、人体や生物に影響を与えない。

鉱床を開発すれば、人為汚染を防止しなければならない。そのためには鉱石を構成する鉱物の特徴を調べ、有害物が鉱物に含まれていないかどうか明らかにし、有害物が含まれていれば、生産段階のどのプロセスでどんな影響があるか、またどのプロセスで回収していくか、具体的に対策を立てなければならない。

２０１３年11月上旬、「レアアース鉱床の開発計画をつくるために試験採掘しようと思う。採掘・

選鉱の際に放射性鉱物の汚染防止対策はどうしたらいいのか」と、米国、ソルトレイクシティーのウイリアムスから電話がかかってきた。アイダホ州の鉱区の開発準備作業にとりかかるためだ。鉱床はトリウム鉱物など放射性鉱物も含有されており、開発計画には汚染防止対策が必要だ。

「坑内掘りだが、トリウムといえども対策はウランの採掘と同じだ。採掘によって、鉱石から放射性物質を含む鉱物の粉塵《ふんじん》が大量に発生する。坑内から運搬された鉱石の保管を厳重管理しないと土壌・水質汚染を起こし、作業者は被ばくしていく。坑内では可能な限り、自動化、リモートコントロール化していかなければならないだろう」「国立の原子力研究所の技術者を計画作成のメンバーにしようと思う」「そうしなければ適切な対策がつくれないと思う。鉱石の選鉱場への運搬は泥水状でパイプ流送したほうがいい」というやり取りの後、「鉱区は、1万3000エーカー（53平方キロメートル）と広い。開発対象区域は1000エーカー以下だ。米国では鉱業権に地上権が含まれる。土地も取得している。鉱区周辺には誰も住んでいない。鉱石も一部地表に露出していて自然汚染もあるが、範囲も狭く生態には影響ない。手つかずの美しい自然も広がる。汚染防止だけでなく自然の景観も保ち、当然汚染を起こさせないように放射性鉱物は慎重に扱うよ。雪解けは5月、その頃は山は緑色を帯び、とてもきれいな景色だ、現地に来いよ」と環境保全への姿勢が伝わってきた。

過去、鉱山の人為汚染や事故は管理不十分のため引き起こされた。たとえば、1936年に増産が原因で秋田県の尾去沢鉱山で廃さい（有用成分が含まれない鉱物の残り）ダムが決壊し、重金属を含む廃さいが流出したり、１９７８年には静岡県の持越鉱山で地震により廃さいダムが決壊し、シアン汚染を招いたことなどがある。また、岩手県八幡平の松尾鉱山は、日本の硫黄生産の30％、黄鉄鉱の15％を占め、東洋一の産出量であった。高度成長期に硫黄の需要が減り、さらに石油精製工場の脱硫装置の設置で、硫黄の需要は全くなくなり、１９７２年に鉱業権を放棄して倒産し、閉山となった。しかし、土壌が強い酸性になってしまったため、鉱山周辺の草や木は枯れて荒地となった。廃坑から流出する多量の排水（毎分17～24トン）は砒素を含み、強酸性であり、下流の北上川の水質や生態系に影響を与え、魚が棲《す》めない状態となった。資金力がない元鉱業権者に代わって国と県が、１００億円を投じて鉱害防止設備を設置し、１９８２年から24時間体制で排水を中和処理し続けている。年間４～５億円の処理費用がかかっている。

海外では、鉱山のあるところに大なり小なり環境汚染が引き起こされている。とくに旧ソ連圏の国々では、環境汚染は負の遺産として、多くは放置されたままである。２０００年、ルーマニアのバヤ・マレ鉱山で豪雨により廃さいダムが崩壊し、シアン化合物や重金属を含む大量の土砂がドナウ川の支流に流出し、１０００トン以上の魚が死に、流域２５０万人の飲料水の水源を汚染した。またカナダ、サスカチュワン州北西部のウラニウム市近くのウラン鉱山は、廃さいをネロ湖に捨て生物が棲めない状態にしてしまった。

人為汚染の原状復帰は、時間と技術と多大な費用が必要となる。とくにウラン鉱山や原発にかかわる人為汚染は現状では元に戻せない。

〔資源の世界の権利と義務〕　多くの国の鉱業法では、「資源を見つける権利（探査権＝試掘権）」と「資源を開発・生産して利益を得る権利（開発権＝採掘権）」に対して、探査権の「義務」として鉱区税の支払い、政府機関への探査計画の届け出、探査結果の報告、トレンチ（地表で溝を掘り鉱化作用（地下から熱水に含まれる有用成分が表出し鉱石になるまでの作用）に関する情報を得る）やボーリングで地下からのデータを得た後に地下水が湧出《ゆうしゅつ》した場合は環境汚染が生じないよう防止策を講ずること、などが挙げられている。また開発権への「義務」として、鉱区税、鉱産税（ロイヤリティー）、所得税など各種税金の支払い、地域への貢献（国によっては雇用、インフラ整備など）、閉山後の現状復帰・社会経済の維持、さらには環境汚染防止策、環境保全の維持などが挙げられている。とくに環境汚染については鉱山で厳しく管理され、そのための設備や技術開発にも投資している。環境汚染防止への「義務」は、生産とともに鉱山の優先事項である。

汚染防止への鉱山の姿勢は、日本では１９８０年代から、世界では１９９２年のリオデジャネイロ「地球環境サミット」から厳しくなった。環境問題での生産中止や閉山、あるいは多大な損害賠償の支払いで「汚染を防止しなければ、リスクが大きい」という意識が高まってきた結果である。

鉱山活動による人為汚染を防止することは、権利保有者の「義務」である。有害物を除去できなければ、あるいはその除去にコストがかかりすぎれば、開発を見合わせなければならない。

しかし、豪州、ナミビア、カナダなど、世界のウラン鉱山は、放射能汚染を引き起こしているにもかかわらず、それを隠しており、鉱山労働者にもその危険性を伝えない。選鉱の廃さいなども厳重に管理されておらず、地下水汚染や地表の浸食にも有効な対策がとられていない。すでに肺がんなど健康に重大な影響を与え続けているが、正確な情報は鉱山から開示されていない。

〔国の役割とは？〕　国は、鉱業権を賦与する権能を有し、施業案（開発計画）によらないで鉱業を行ったり、不正行為を行えば、生産中止、原状回復などを命ずることができる。また鉱業権の取り消しも国の役割である。さらに鉱業事業所に立ち入り、業務の状況や帳簿書類の検査もできる。国はこのような役割とともに、鉱業権者の不正や鉱害を発生させないという役割も持つ。

しかし、探査段階で、実際に探査活動をしているかどうか、当局の監督官がその確認に鉱区に行くことはほとんどない。生産鉱山には年１～２回検査に来るものの、１９８０年代までは、鉱山の監督官への〝接待漬け〟で少々のことには「目をつぶる」姿があった。今は、このような姿はない。日本には鉱業活動がほとんどなくなっているが、当局は休山、閉山した鉱山の検査や環境モニタリングを行い、監視している。鉱業権が消滅しても、損害が発生すれば当時の鉱区の鉱業権者がその損害を賠償する「義務」が課されている。閉山時に環境汚染などの後始末ができなければ、権利を持ち続けて責任を果たさなければならない。

海外でも大差ないが、とくに新興の鉱業国では、鉱業活動に伴う環境管理の意識は高まってきているものの、監督する人材が不足していて管理が行き届かない、という問題を抱えている。簡単には解決できそうもない。

ウランも他の鉱種と鉱業法では同じ扱いであるが、国家と企業が一体となって特別扱いされている。放射能汚染の除去も、廃棄物の無害化も、当然、鉱業権者やそれを扱う電力会社の「義務」であるが、技術がなく、処理できなくても権利を与えられており、その結果、放射能汚染を広げ、核廃棄物を蓄積させている。しかもウランを扱う川上の鉱山から川下の製錬・発電に至るまで、どの国も汚染除去技術、廃棄物処理技術を持っていない。放射性物質の除去の技術がなければ、国策会社といえども「権利」を与えるべきではない。核廃棄物の処理も同様だ。それが国の役割であり、「義務」である。また、これらの技術開発も国の役割である。

国家も企業もウランにかかわる事業では、「義務」を無視しているようにも思える。「権利」を与えることも、「義務」を課して遂行させることも、国の役割である。役割を果たさなければ、国民の健康を脅かすことにもなり、結局は負担が生じることを認識しなければならない。

将来、日本で海底資源を開発することになったとしても、環境汚染防止の技術がなければ、カナダのネロ湖のように生態系を壊すことになりかねない。権利を賦与する側も賦与される側も技術の保持が不可欠であり、両者ともそれぞれの「義務」を果たしてこそ、資源という国民の財産が、社会・経済に貢献できることになる。

著者紹介

西川　有司（にしかわ　ゆうじ）
40年間にわたり資源を探し、開発し、評価し、資源会社の経営改善などの仕事に携わってきた「国際資源専門家」。世界中を歩き、各国の資源を通して資源問題の本質を探っている。
最近ではアゼルバイジャンで金鉱山を開山し、セルビアで鉱山の改造を手掛け、米国でレアアース鉱山の探査開発を行った。現在も資源国を訪ねるとともに資源問題に取り組んでいる。

〔著書〕『地下資源の科学～おもしろサイエンス』（日刊工業新聞社）
『資源は誰のものか』（(株) 朝陽会）
『トリウム溶融塩炉で野菜工場をつくる』（共著、雅粒社）
『資源循環革命』（ビーケイシー）

グリームブックス（Gleam Books）
著者から機知や希望の“gleam《ひらめき》”を受け取り、読者が深い思考につなげ“gleam《かがやき》”を発見する。そんな循環がこのシリーズから生まれるよう願って名付けました。

資源はどこへ行くのか

2019年4月1日　発行　　　価格は表紙カバーに表示してあります。

著　者　西川　有司

発　行　株式会社　朝 陽 会　〒340－0003　埼玉県草加市稲荷2-2-7
電話（出版）048（951）2879
http : www.choyokai.co.jp/

編集協力　有限会社　雅 粒 社　〒181-0002　東京都三鷹市牟礼1-6-5-105
電話　0422（24）9694

ISBN978-4-903059-56-3
C0031　¥1000E